教科書ガイド 数研出版 版 新編 数学B

本書は，数研出版が発行する教科書「新編 数学B［数B/712］」に沿って編集された，教科書の **公式ガイドブック** です。教科書のすべての問題の解き方と答えに加え，例と例題の解説動画も付いていますので，教科書の内容がすべてわかります。また，巻末には，オリジナルの演習問題も掲載していますので，これらに取り組むことで，更に実力が高まります。

本書の特徴と構成要素

1　教科書の問題の解き方と答えがわかる。予習・復習にピッタリ！

2　オリジナル問題で演習もできる。定期試験対策もバッチリ！

3　例・例題の解説動画付き。教科書の理解はバンゼン！

まとめ	各項目の冒頭に，公式や解法の要領，注意事項をまとめてあります。
指針	問題の考え方，解法の手がかり，解答の進め方を説明しています。
解答	指針に基づいて，できるだけ詳しい解答を示しています。
別解	解答とは別の解き方がある場合は，必要に応じて示しています。
注意 など	問題の考え方，解法の手がかり，解答の進め方で，特に注意すべきことや参考事項などを，必要に応じて示しています。

演習編	巻末に，教科書の問題の類問を掲載しています。これらの問題に取り組むことで，教科書で学んだ内容がいっそう身につきます。また，章ごとにまとめの問題も取り上げていますので，定期試験対策などにご利用ください。

デジタルコンテンツ	二次元コードを利用して，教科書の例・例題の解説動画や，巻末の演習編の問題の詳しい解き方などを見ることができます。

JN064148

目　次

第3章　数学と社会生活

ギリシャ文字の表

大文字	小文字	読み方	大文字	小文字	読み方	大文字	小文字	読み方
A	α	アルファ	I	ι	イオタ	P	ρ	ロー
B	β	ベータ	K	κ	カッパ	Σ	σ	シグマ
Γ	γ	ガンマ	Λ	λ	ラムダ	T	τ	タウ
Δ	δ	デルタ	M	μ	ミュー	Υ	υ	ユプシロン
E	ε	エプシロン	N	ν	ニュー	Φ	ϕ	ファイ
Z	ζ	ゼータ	Ξ	ξ	クシー	X	χ	カイ
H	η	エータ	O	o	オミクロン	Ψ	ψ	プサイ
Θ	θ	シータ	Π	π	パイ	Ω	ω	オメガ

〈デジタルコンテンツ〉

次のものを用意しております。

① 教科書「新編数学B［数B/712］」の例・例題の解説動画
② 演習編の詳解
③ 教科書「新編数学B［数B/712］」
　　と黄チャート，白チャートの対応表

デジタルコンテンツ ➡

第1章 | 数 列

第1節 等差数列と等比数列

1 数列と一般項

まとめ

1 数列

数を一列に並べたものを **数列** といい，数列における各数を **項** という。数列の項は，最初の項から順に第1項，第2項，第3項，…… といい，n 番目の項を **第 n 項** という。とくに，第1項を **初項** ともいう。

注意 項の個数が有限である数列を **有限数列**，項が限りなく続く数列を **無限数列** ということがある。

2 数列の表し方

数列を一般的に表すには，右のように書く。 $a_1, a_2, a_3, \cdots\cdots, a_n, \cdots\cdots$
この数列を $\{a_n\}$ と略記することもある。

3 数列の一般項

数列 $\{a_n\}$ の第 n 項 a_n が n の式で表されるとき，n に 1，2，3，…… を順に代入すると，数列 $\{a_n\}$ の初項，第2項，第3項，…… が得られる。
このような a_n を数列 $\{a_n\}$ の **一般項** という。

A 数列の表記

練習 1

教 p.8

教科書の数列 ① 1，4，9，16，…… の第2項と第4項をいえ。
また，第5項を求めよ。

指針 **数列の項** 自然数 1，2，3，4，…… を図のように正方形状に並べていく。このとき，上端に並ぶ数を左から順に取り出すと

$$1, 4, 9, 16, 25, \cdots\cdots$$

である。

1	4	9	16	25
2	3	8	15	24
5	6	7	14	23
10	11	12	13	22
17	18	19	20	21
26	27	…	…	…

解答 数列 1，4，9，16，……

の第2項は 4，第4項は **16** 答

また，教科書の図の 23 の上は，下から順に 24，25 となる。

よって，第5項は **25** 答

別解 $1=1^2$, $4=2^2$, $9=3^2$, $16=4^2$ であるから，この数列は
$$1^2,\ 2^2,\ 3^2,\ 4^2,\ \cdots\cdots$$
と考えられる。したがって，第 5 項は $5^2=25$ 答

練習 2
一般項が次の式で表される数列 $\{a_n\}$ について，初項から第 4 項までを求めよ。
(1) $a_n=2n-1$ (2) $a_n=n(n+1)$ (3) $a_n=2^n$

教 p.9

指針 **数列の一般項と項** 一般項 a_n の式に $n=1,\ 2,\ 3,\ 4$ を順に代入する。

解答 (1) $a_1=2\cdot1-1=1,$ $a_2=2\cdot2-1=3,$ $a_3=2\cdot3-1=5,$
$a_4=2\cdot4-1=7$ 答
(2) $a_1=1\cdot(1+1)=2,$ $a_2=2(2+1)=6,$ $a_3=3(3+1)=12,$
$a_4=4(4+1)=20$ 答
(3) $a_1=2^1=2,$ $a_2=2^2=4,$ $a_3=2^3=8,$
$a_4=2^4=16$ 答

B 数列の一般項を n の式で表す

練習 3
次のような数列の一般項 a_n を，n の式で表せ。
(1) 5 から順に 5 の倍数が並ぶ数列
$$5,\ 10,\ 15,\ 20,\ \cdots\cdots$$
(2) 偶数 2, 4, 6, 8, …… の数列で符号を交互に変えた数列
$$-2,\ 4,\ -6,\ 8,\ \cdots\cdots$$

教 p.9

指針 **数列の一般項**
(1) $5\cdot1,\ 5\cdot2,\ 5\cdot3,\ 5\cdot4,\ \cdots\cdots$ と考える。
(2) 1 つの数列の中に 2 つの異なる規則性がある場合，それぞれを別々に考えてから，それらを組み合わせる。

解答 (1) 与えられた数列は $5\cdot1,\ 5\cdot2,\ 5\cdot3,\ 5\cdot4,\ \cdots\cdots$
であるから，この数列の第 n 項は $5n$
よって，求める数列の一般項は $a_n=5n$ 答
(2) 偶数 2, 4, 6, 8, …… の数列に着目すると $2\cdot1,\ 2\cdot2,\ 2\cdot3,\ 2\cdot4,\ \cdots\cdots$
であるから，この数列の第 n 項は $2n$ …… ①
また，符号に着目し，-1 と 1 が交互に並ぶ数列を考えると，
この数列の第 n 項は $(-1)^n$ …… ②
①，②から，求める数列の一般項は
$a_n=(-1)^n\cdot2n$ 答

教 p.9

深める

教科書 9 ページの例 2(2) の数列の符号を逆にした数列
1, -1, 1, -1, …… の一般項 a_n を, n の式で表してみよう。

指針 **符号が交互に変わる数列**　上の数列は, 教科書 *p.*9 の例 2(2) の, もとの数列
-1, 1, -1, 1, …… の各項に -1 を掛けたものと考えられる。

解答 数列 1, -1, 1, -1, ……　　　　　　　…… ①
の各項は, 数列 -1, 1, -1, 1, ……　…… ②
の各項に -1 を掛けたものと考えられる。数列 ② の第 n 項は $(-1)^n$ である
から, 数列 ① の第 n 項は $(-1)^n \times (-1) = (-1)^{n+1}$
よって, 求める数列の一般項 a_n は　　$a_n = (-1)^{n+1}$　答

参考 数列 ① は, 数列 ② の各項を -1 で割ったものとも考えられるから,
$a_n = (-1)^n \div (-1) = (-1)^{n-1}$ としてもよい。

2 等差数列

まとめ

1　等差数列
初項に一定の数 d を次々と足して得られる数列を **等差数列** といい, その一
定の数 d を **公差** という。

例　初項 1, 公差 2 の等差数列

$$1, \quad 3, \quad 5, \quad 7, \quad ……$$
$$+2 \quad +2 \quad +2$$

初項 4, 公差 -2 の等差数列

$$4, \quad 2, \quad 0, \quad -2, \quad ……$$
$$-2 \quad -2 \quad -2$$

2　等差数列の一般項
初項 a, 公差 d の等差数列 $\{a_n\}$ の一般項は
$$a_n = a + (n-1)d \qquad \leftarrow 等差数列の一般項は n の 1 次式$$

3　等差数列の性質
数列 a, b, c が等差数列 $\iff$ $2b = a + c$ (b を **等差中項** という。)

A 等差数列

教 p.10

練習 4

次のような等差数列の初項から第 4 項までを書け。
(1) 初項 1, 公差 5
(2) 初項 10, 公差 -4

指針 **等差数列の項**　前の項に公差 d を足して，次の項を求める。

$$a_1, \quad a_2, \quad a_3, \quad a_4, \quad \cdots\cdots$$
$$\qquad +d \quad +d \quad +d$$

解答 等差数列を $\{a_n\}$，公差を d とする。

(1) $a_2 = a_1 + d = 1 + 5 = 6$　　　　　　　　　　　　　　$\leftarrow a_1$ は初項

　　$a_3 = a_2 + d = 6 + 5 = 11$

　　$a_4 = a_3 + d = 11 + 5 = 16$　　　　　　　　　　　答 **1, 6, 11, 16**

(2) $a_2 = a_1 + d = 10 + (-4) = 6$

　　$a_3 = a_2 + d = 6 + (-4) = 2$

　　$a_4 = a_3 + d = 2 + (-4) = -2$　　　　　　　　　答 **10, 6, 2, −2**

練習
5

教 p.10

次の等差数列の公差を求めよ。また，□ に適する数を求めよ。

(1)　1，5，9，□，□，……　　　(2)　□，5，2，□，□，……

指針 **等差数列の決定**　等差数列であるから，隣り合う2つの項に着目して，
(前の項)＋(公差)＝(後の項) により，公差を求める。

解答 等差数列を $\{a_n\}$，公差を d とする。

(1)　$1 + d = 5$ より　　$d = 5 - 1 = 4$　　　　　　　　　$\leftarrow a_1 + d = a_2$

　　第4項 a_4 は　　$a_4 = 9 + 4 = 13$　　　　　　　　　$\leftarrow a_4 = a_3 + d$

　　第5項 a_5 は　　$a_5 = 13 + 4 = 17$　　　　　　　　$\leftarrow a_5 = a_4 + d$

　　　　　　　　　　　　　　　　　　答　**公差 4，□は順に 13，17**

(2)　$5 + d = 2$ より　　$d = 2 - 5 = -3$　　　　　　　　$\leftarrow a_2 + d = a_3$

　　初項 a_1 は　　$a_1 + (-3) = 5$ より　$a_1 = 8$　　　$\leftarrow a_1 + d = a_2$

　　第4項 a_4 は　　$a_4 = 2 + (-3) = -1$　　　　　　　$\leftarrow a_4 = a_3 + d$

　　第5項 a_5 は　　$a_5 = -1 + (-3) = -4$　　　　　　$\leftarrow a_5 = a_4 + d$

　　　　　　　　　　　　　　　　答　**公差 −3，□は順に 8，−1，−4**

B 等差数列の一般項

練習
6

教 p.11

次のような等差数列 $\{a_n\}$ の一般項を求めよ。また，第10項を求めよ。

(1)　初項 5，公差 4　　　　　　　　(2)　初項 10，公差 −5

指針 **等差数列の一般項**　初項 a，公差 d の等差数列 $\{a_n\}$ の一般項の公式
$a_n = a + (n-1)d$ にあてはめる。また，第10項は，得られた n の1次式に $n = 10$
を代入すると求められる。

解答 (1) 一般項は　$a_n = 5 + (n-1)\cdot 4$　　すなわち　　$a_n = 4n + 1$　答

　　第10項は　$a_{10} = 4\cdot 10 + 1 = 41$　答

(2) 一般項は $a_n=10+(n-1)\cdot(-5)$　　すなわち　　$a_n=-5n+15$　圏
　　第 10 項は $a_{10}=-5\cdot10+15=-35$　圏

練習7

次のような等差数列 $\{a_n\}$ の一般項を求めよ。
(1) 第 4 項が 15，第 8 項が 27　　(2) 第 5 項が 20，第 10 項が 0

指針 **等差数列の一般項**　初項を a，公差を d として一般項の式を表し，与えられた値を代入して a と d についての連立方程式を立てる。

解答 初項を a，公差を d とすると　　$a_n=a+(n-1)d$
(1) 第 4 項が 15 であるから　　$a+3d=15$　……①
　　第 8 項が 27 であるから　　$a+7d=27$　……②
　　①，② を解くと　　$a=6,\ d=3$
　　よって，一般項は　　$a_n=6+(n-1)\cdot3=3n+3$
　　すなわち　　$a_n=3n+3$　圏
(2) 第 5 項が 20 であるから　　$a+4d=20$　……①
　　第 10 項が 0 であるから　　$a+9d=0$　……②
　　①，②を解くと　　$a=36,\ d=-4$
　　よって，一般項は　　$a_n=36+(n-1)\cdot(-4)=-4n+40$
　　すなわち　　$a_n=-4n+40$　圏

練習8

初項 3，公差 4 の等差数列 $\{a_n\}$ について，次の問いに答えよ。
(1) 75 は第何項か。　　(2) 初めて 300 を超えるのは第何項か。

指針 **等差数列の一般項**　まず，一般項 a_n を n の 1 次式で表す。
(1) $a_n=75$ となる n の値を求める。
(2) $a_n>300$ を満たす最小の自然数 n を不等式を解いて求める。

解答 一般項は　　$a_n=3+(n-1)\cdot4$　すなわち　$a_n=4n-1$
(1) $4n-1=75$ を解くと　　$4n=76$　　よって　　$n=19$
　　したがって，75 は **第 19 項** である。　圏
(2) $4n-1>300$ より　　$n>\dfrac{301}{4}$
　　すなわち　　$n>75.25$
　　これを満たす最小の自然数 n は　　$n=76$
　　よって，初めて 300 を超えるのは **第 76 項**　圏

C 等差数列の性質

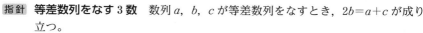

練習 9　次の数列が等差数列であるとき，x の値を求めよ。

(1)　$3,\ x,\ 11,\ \cdots\cdots$　　　　(2)　$\dfrac{1}{12},\ \dfrac{1}{x},\ \dfrac{1}{6},\ \cdots\cdots$

指針　**等差数列をなす 3 数**　数列 $a,\ b,\ c$ が等差数列をなすとき，$2b=a+c$ が成り立つ。

解答　(1)　数列 $3,\ x,\ 11$ は等差数列であるから　　$2x=3+11$

よって　$2x=14$　　したがって　**$x=7$**　答

(2)　数列 $\dfrac{1}{12},\ \dfrac{1}{x},\ \dfrac{1}{6}$ は等差数列であるから

$2\cdot\dfrac{1}{x}=\dfrac{1}{12}+\dfrac{1}{6}$　　よって　$\dfrac{2}{x}=\dfrac{1}{4}$

両辺に $4x$ を掛けると　$8=x$　すなわち　**$x=8$**　答

わざわざ公差を求める必要はないよ。

3　等差数列の和

まとめ

1　等差数列の和

等差数列の初項から第 n 項までの和を S_n とする。

① 初項 a，第 n 項 l のとき　　$S_n=\dfrac{1}{2}n(a+l)$

② 初項 a，公差 d のとき　　$S_n=\dfrac{1}{2}n\{2a+(n-1)d\}$

項の個数が有限である数列では，その項の個数を **項数** といい，最後の項を **末項** という。上の公式①は，初項 a，末項 l，項数 n の等差数列の和を表している。

2　自然数の和，奇数の和

$1+2+3+\cdots\cdots+n=\dfrac{1}{2}n(n+1)$　　←初項 1，末項 n，項数 n

$1+3+5+\cdots\cdots+(2n-1)=n^2$　　←初項 1，末項 $2n-1$，項数 n

A 等差数列の和の公式

練習 10　次のような等差数列の和 S を求めよ。

(1)　初項 2，末項 10，項数 10　　(2)　初項 8，末項 -6，項数 15

指針 **等差数列の和** 初項 a，末項 l，項数 n の等差数列の和 S_n は

$$S_n = \frac{1}{2}n(a+l)$$

←$\frac{1}{2}$×項数×(初項 ＋ 末項)

解答 (1) $S = \frac{1}{2} \cdot 10(2+10) = \mathbf{60}$ 答

(2) $S = \frac{1}{2} \cdot 15\{8+(-6)\} = \mathbf{15}$ 答

練習 11 教 p.14

次のような等差数列の和 S を求めよ。

(1) 初項 1，公差 2 の等差数列の初項から第 20 項までの和

(2) 初項 10，公差 -4 の等差数列の初項から第 15 項までの和

指針 **等差数列の和** 初項 a，公差 d の等差数列の初項から第 n 項までの和 S_n は

$$S_n = \frac{1}{2}n\{2a+(n-1)d\}$$

解答 (1) $S = \frac{1}{2} \cdot 20\{2 \cdot 1+(20-1) \cdot 2\} = \mathbf{400}$ 答

(2) $S = \frac{1}{2} \cdot 15\{2 \cdot 10+(15-1) \cdot (-4)\} = \mathbf{-270}$ 答

練習 12 教 p.14

初項 5，公差 4 の等差数列の初項から第 n 項までの和 S_n を求めよ。

指針 **等差数列の和** 初項 a，公差 d の等差数列の初項から第 n 項までの和 S_n は

$$S_n = \frac{1}{2}n\{2a+(n-1)d\}$$

解答 $S_n = \frac{1}{2}n\{2 \cdot 5+(n-1) \cdot 4\} = \frac{1}{2}n(4n+6) = \mathbf{n(2n+3)}$ 答

練習 13 教 p.15

次の等差数列の和 S を求めよ。

(1) 2, 6, 10, ……, 74   (2) 102, 96, 90, ……, 6

指針 **等差数列の和** 初項と末項はわかっているから，項数を求めれば等差数列の和の公式を使うことができる。

解答 (1) この等差数列の初項は 2   公差は初項，第 2 項より $6-2=4$

項数を n とすると $2+(n-1) \cdot 4 = 74$ これを解くと $n=19$

よって $S = \frac{1}{2} \cdot 19(2+74) = \mathbf{722}$ 答

(2) この等差数列の初項は 102   公差は初項，第 2 項より $96-102=-6$

項数を n とすると $102+(n-1) \cdot (-6) = 6$ これを解くと $n=17$

よって　　$S=\dfrac{1}{2}\cdot 17(102+6)=$ **918**　圏

B 自然数の和，奇数の和

練習 14	次の和を求めよ。

(1)　$1+2+3+\cdots\cdots+20$　　　　(2)　$1+2+3+\cdots\cdots+100$

(3)　$1+3+5+\cdots\cdots+29$　　　　(4)　$1+3+5+\cdots\cdots+55$

指針 **自然数の和，奇数の和**

自然数の和　　　$1+2+3+\cdots\cdots+n=\dfrac{1}{2}n(n+1)$

奇数の和　　　　$1+3+5+\cdots\cdots+(2n-1)=n^2$

解答 (1)　$1+2+3+\cdots\cdots+20=\dfrac{1}{2}\cdot 20(20+1)=$ **210**　圏

(2)　$1+2+3+\cdots\cdots+100=\dfrac{1}{2}\cdot 100(100+1)=$ **5050**　圏

(3)　$1+3+5+\cdots\cdots+29=1+3+5+\cdots\cdots+(2\cdot 15-1)=15^2=$ **225**　圏

(4)　$1+3+5+\cdots\cdots+55=1+3+5+\cdots\cdots+(2\cdot 28-1)=28^2=$ **784**　圏

練習 15	次の偶数の和を求めよ。

(1)　$2+4+6+\cdots\cdots+40$　　　　(2)　$2+4+6+\cdots\cdots+100$

指針 **偶数の和**　式全体を 2 でくくり，自然数の和の公式を使って求める。

解答 (1)　$2+4+6+\cdots\cdots+40=2(1+2+3+\cdots\cdots+20)=2\times\dfrac{1}{2}\cdot 20(20+1)=$ **420**　圏

(2)　$2+4+6+\cdots\cdots+100=2(1+2+3+\cdots\cdots+50)=2\times\dfrac{1}{2}\cdot 50(50+1)=$ **2550**　圏

4 等比数列

まとめ

1 等比数列

初項に一定の数 r を次々と掛けて得られる数列を **等比数列** といい，その一定の数 r を **公比** という。

2 等比数列の一般項

初項 a，公比 r の等比数列 $\{a_n\}$ の一般項は $\qquad a_n = ar^{n-1}$

3 等比数列の性質

a, b, c が 0 でないとき，次のことが成り立つ。

数列 a, b, c が等比数列 $\iff$ $b^2 = ac$（b を **等比中項** という。）

A 等比数列

教 p.16

練習 16 次のような等比数列の初項から第 4 項までを書け。

(1) 初項 1，公比 3 　　　　(2) 初項 3，公比 -2

(3) 初項 1，公比 $\dfrac{1}{3}$ 　　　(4) 初項 $-\dfrac{1}{2}$，公比 $-\dfrac{1}{2}$

指針 **等比数列の項** 前の項に公比 r を掛けて，次の項を求める。

$$a_1, \quad a_2, \quad a_3, \quad a_4, \quad \cdots\cdots$$
$$\underset{\times r}{} \quad \underset{\times r}{} \quad \underset{\times r}{}$$

解答 等比数列を $\{a_n\}$，公比を r とする。

(1) $a_2 = a_1 r = 1 \cdot 3 = 3, \qquad a_3 = a_2 r = 3 \cdot 3 = 9$

$a_4 = a_3 r = 9 \cdot 3 = 27$ 　　　　　　　　　　　答 **1, 3, 9, 27**

(2) $a_2 = 3 \cdot (-2) = -6, \qquad a_3 = -6 \cdot (-2) = 12$

$a_4 = 12 \cdot (-2) = -24$ 　　　　　　　　　答 **3, -6, 12, -24**

(3) $a_2 = 1 \cdot \dfrac{1}{3} = \dfrac{1}{3}, \qquad a_3 = \dfrac{1}{3} \cdot \dfrac{1}{3} = \dfrac{1}{9}$

$a_4 = \dfrac{1}{9} \cdot \dfrac{1}{3} = \dfrac{1}{27}$ 　　　　　　　答 **1, $\dfrac{1}{3}$, $\dfrac{1}{9}$, $\dfrac{1}{27}$**

(4) $a_2 = -\dfrac{1}{2}\left(-\dfrac{1}{2}\right) = \dfrac{1}{4}, \qquad a_3 = \dfrac{1}{4}\left(-\dfrac{1}{2}\right) = -\dfrac{1}{8}$

$a_4 = -\dfrac{1}{8}\left(-\dfrac{1}{2}\right) = \dfrac{1}{16}$ 　　　答 **$-\dfrac{1}{2}$, $\dfrac{1}{4}$, $-\dfrac{1}{8}$, $\dfrac{1}{16}$**

教 p.16

練習 17 次の等比数列の公比を求めよ。また，□ に適する数を求めよ。

(1) 1, 2, 4, □, ……   (2) 1, −2, 4, □, ……

(3) □, 8, 4, □, ……   (4) □, 3, −2, □, ……

指針 **等比数列の決定** 等比数列であるから，隣り合う 2 つの項に着目して，(前の項)×(公比)＝(後の項) から公比を求める。

解答 等比数列を $\{a_n\}$，公比を r とする。

(1) $1 \cdot r = 2$ より $r = 2$ 第 4 項 a_4 は $a_4 = 4 \cdot 2 = 8$

圏 **公比 2, □ は 8**

(2) $1 \cdot r = -2$ より $r = -2$ 第 4 項 a_4 は $a_4 = 4 \cdot (-2) = -8$

圏 **公比 −2, □ は −8**

(3) $8r = 4$ より $r = \dfrac{1}{2}$ 初項 a_1 は $a_1 \cdot \dfrac{1}{2} = 8$ より $a_1 = 16$

第 4 項 a_4 は $a_4 = 4 \cdot \dfrac{1}{2} = 2$ 圏 **公比 $\dfrac{1}{2}$, □ は順に 16, 2**

(4) $3r = -2$ より $r = -\dfrac{2}{3}$ 初項 a_1 は $a_1\left(-\dfrac{2}{3}\right) = 3$ より $a_1 = -\dfrac{9}{2}$

第 4 項 a_4 は $a_4 = -2\left(-\dfrac{2}{3}\right) = \dfrac{4}{3}$ 圏 **公比 $-\dfrac{2}{3}$, □ は順に $-\dfrac{9}{2}$, $\dfrac{4}{3}$**

B 等比数列の一般項

教 p.17

練習 18 次のような等比数列 $\{a_n\}$ の一般項を求めよ。また，第 5 項を求めよ。

(1) 初項 2, 公比 3   (2) 初項 1, 公比 −3

(3) 初項 2, 公比 2   (4) 初項 −3, 公比 $\dfrac{1}{2}$

指針 **等比数列の一般項** 等比数列の一般項の公式 $a_n = ar^{n-1}$ に初項 a，公比 r を代入して一般項を求める。第 5 項は，得られた n の式に $n = 5$ を代入する。

解答 (1) 初項 2, 公比 3 であるから $a_n = 2 \cdot 3^{n-1}$ 圏

第 5 項は $a_5 = 2 \cdot 3^{5-1} = 2 \cdot 3^4 = 162$ 圏

(2) 初項 1, 公比 −3 であるから

$a_n = 1 \cdot (-3)^{n-1}$ すなわち $a_n = (-3)^{n-1}$ 圏

第 5 項は $a_5 = (-3)^{5-1} = (-3)^4 = 81$ 圏

(3) 初項 2, 公比 2 であるから $a_n = 2 \cdot 2^{n-1}$ すなわち $a_n = 2^n$ 圏

第 5 項は $a_5 = 2^5 = 32$ 圏

(4) 初項 −3, 公比 $\dfrac{1}{2}$ であるから $a_n = -3\left(\dfrac{1}{2}\right)^{n-1}$ 圏

第 5 項は　　$a_5 = -3\left(\dfrac{1}{2}\right)^{5-1} = -3\left(\dfrac{1}{2}\right)^4 = -\dfrac{3}{16}$　答

練習 19

次の等比数列 $\{a_n\}$ の一般項を求めよ。

(1)　$1, \ -2, \ 4, \ -8, \ \cdots\cdots$　　(2)　$\dfrac{3}{2}, \ \dfrac{3}{4}, \ \dfrac{3}{8}, \ \dfrac{3}{16},\ \cdots\cdots$

(3)　$5, \ -5, \ 5, \ -5, \ \cdots\cdots$　　(4)　$\sqrt{2}, \ 2, \ 2\sqrt{2}, \ 4, \ \cdots\cdots$

指針 **等比数列の一般項**　初項と公比を求め，$a_n = ar^{n-1}$ に代入する。

解答 (1)　公比を r とすると，初項と第 2 項により
$$1 \cdot r = -2 \quad \text{よって} \quad r = -2$$
初項 1，公比 -2 であるから，一般項は
$$a_n = 1 \cdot (-2)^{n-1} \quad \text{すなわち} \quad a_n = (-2)^{n-1} \quad \text{答}$$

(2)　公比を r とすると，初項と第 2 項により
$$\frac{3}{2} r = \frac{3}{4} \quad \text{よって} \quad r = \frac{1}{2}$$
初項 $\dfrac{3}{2}$，公比 $\dfrac{1}{2}$ であるから，一般項は
$$a_n = \frac{3}{2}\left(\frac{1}{2}\right)^{n-1} \quad \text{すなわち} \quad a_n = 3\left(\frac{1}{2}\right)^n \quad \text{答}$$

(3)　公比を r とすると，初項と第 2 項により
$$5r = -5 \quad \text{よって} \quad r = -1$$
初項 5，公比 -1 であるから，一般項は　　$a_n = 5(-1)^{n-1}$　答

(4)　公比を r とすると，初項と第 2 項により
$$\sqrt{2}\, r = 2 \quad \text{よって} \quad r = \sqrt{2}$$
初項 $\sqrt{2}$，公比 $\sqrt{2}$ であるから，一般項は
$$a_n = \sqrt{2}\,(\sqrt{2})^{n-1} \quad \text{すなわち} \quad a_n = (\sqrt{2})^n \quad \text{答}$$

深める

数列 3, 5, $\cdots\cdots$ が次の数列であるとき，この数列の一般項を求めてみよう。

(1)　等差数列　　　　　(2)　等比数列

指針 **等差数列・等比数列の一般項**

(1)　公差を d とすると　　$3 + d = 5$

(2)　公比を r とすると　　$3r = 5$

解答 (1)　公差を d とすると，$3 + d = 5$ より　　$d = 2$
よって，一般項を a_n とすると
$$a_n = 3 + (n-1) \cdot 2 \quad \text{すなわち} \quad a_n = 2n + 1 \quad \text{答}$$

(2) 公比を r とすると，$3r=5$ より　　$r=\dfrac{5}{3}$

よって，一般項を a_n とすると　　$a_n=3\left(\dfrac{5}{3}\right)^{n-1}$　圏

練習
20

教 p.18

次のような等比数列 $\{a_n\}$ の一般項を求めよ。

(1) 第 2 項が 6，第 4 項が 54　　(2) 第 5 項が -9，第 7 項が -27

指針　**等比数列の一般項**　初項を a，公比を r として一般項の式を表し，与えられた値を代入して，a，r についての連立方程式を立てる。

解答　初項を a，公比を r とすると　　$a_n=ar^{n-1}$

(1) 第 2 項が 6 であるから　　$ar=6$　……①

第 4 項が 54 であるから　　$ar^3=54$　……②

①，② より　　$r^2=9$　　これを解くと　　$r=\pm3$

① から　$r=3$ のとき $a=2$，$r=-3$ のとき $a=-2$

よって，一般項は

　　$a_n=2\cdot3^{n-1}$　または　$a_n=-2(-3)^{n-1}$　圏

(2) 第 5 項が -9 であるから　　$ar^4=-9$　……①

第 7 項が -27 であるから　　$ar^6=-27$　……②

①，② より　　$r^2=3$　　これを解くと　　$r=\pm\sqrt{3}$

① から　　$r=\sqrt{3}$ のとき $a=-1$，$r=-\sqrt{3}$ のとき $a=-1$

よって，一般項は

　　$a_n=-(\sqrt{3})^{n-1}$　または　$a_n=-(-\sqrt{3})^{n-1}$　圏

公比が異なると，
一般項も変わること
に注意しよう。

C 等比数列の性質

練習 21	次の数列が等比数列であるとき，x の値を求めよ。 (1) $2, \ x, \ 32, \ \cdots\cdots$ (2) $3, \ x, \ 9, \ \cdots\cdots$

指針 **等比数列をなす3数** 数列 $a, \ b, \ c$ が等比数列をなすとき，$b^2 = ac$ が成り立つ。

解答 (1) 数列 $2, \ x, \ 32$ は等比数列であるから $x^2 = 2 \cdot 32 = 64$

         よって $x = \pm 8$ 答

     (2) 数列 $3, \ x, \ 9$ は等比数列であるから $x^2 = 3 \cdot 9 = 27$

         よって $x = \pm\sqrt{27} = \pm 3\sqrt{3}$ 答

5 等比数列の和

等比数列の和

初項 a，公比 r の等比数列の初項から第 n 項までの和 S_n は

$r \neq 1$ のとき $S_n = \dfrac{a(1-r^n)}{1-r}$ または $S_n = \dfrac{a(r^n-1)}{r-1}$

$r = 1$ のとき $S_n = na$

A 等比数列の和の公式

練習 22	次の等比数列の初項から第 n 項までの和 S_n を求めよ。 (1) $1, \ 2, \ 2^2, \ 2^3, \ \cdots\cdots$ (2) $2, \ \dfrac{2}{3}, \ \dfrac{2}{3^2}, \ \dfrac{2}{3^3}, \ \cdots\cdots$ (3) $3, \ -6, \ 12, \ -24, \ \cdots\cdots$

指針 **等比数列の和** まず初項，公比を求めて，等比数列の和の公式にあてはめる。

     $r < 1$ のときは，$S_n = \dfrac{a(1-r^n)}{1-r}$ を，$r > 1$ のときは，$S_n = \dfrac{a(r^n-1)}{r-1}$ を用いると

     よい。

解答 (1) 初項 1，公比 2 の等比数列であるから   ← 公比 $r > 1$

$$S_n = \frac{1 \cdot (2^n - 1)}{2 - 1} = 2^n - 1 \quad 答$$

(2) 初項 2, 公比 $\dfrac{1}{3}$ の等比数列であるから   ←公比 $r<1$

$$S_n=\frac{2\left\{1-\left(\dfrac{1}{3}\right)^n\right\}}{1-\dfrac{1}{3}}=\frac{6\left\{1-\left(\dfrac{1}{3}\right)^n\right\}}{3\left(1-\dfrac{1}{3}\right)}=3\left(1-\frac{1}{3^n}\right)\quad 答$$

(3) 初項 3, 公比 -2 の等比数列であるから   ←公比 $r<1$

$$S_n=\frac{3\{1-(-2)^n\}}{1-(-2)}=1-(-2)^n\quad 答$$

練習 23   教 p.20

初項から第 3 項までの和が 7, 第 3 項から第 5 項までの和が 28 である等比数列の初項 a と公比 r を求めよ。

指針 **和が与えられた等比数列**

$$\underline{a+ar+ar^2}=7,\quad ar^2+ar^3+ar^4=r^2(\underline{a+ar+ar^2})$$

であることに着目する。

解答 条件から $a+ar+ar^2=7$ …… ①

       $ar^2+ar^3+ar^4=28$ …… ②

② より $r^2(a+ar+ar^2)=28$

① を代入して $7r^2=28$ $r^2=4$

    よって $r=\pm2$

$r=2$ を ① に代入すると $a+2a+4a=7$

    よって $a=1$

$r=-2$ を ① に代入すると $a-2a+4a=7$

    よって $a=\dfrac{7}{3}$

したがって $a=1$, $r=2$ または $a=\dfrac{7}{3}$, $r=-2$ 答

第1章 第1節　補充問題

教 p.22

1　一般項が $a_n=3n-2$ で表される数列 $\{a_n\}$ について，次の問いに答えよ。
　(1)　a_n を $a_n=a+(n-1)d$ の形に表すとき，$a,\ d$ の値を求めよ。
　(2)　200 はこの数列の項に含まれるか。

指針　等差数列の一般項
　(1)　$a_n=a+(n-1)d$ の式を $a_n=3n-2$ と係数が比較しやすいように，n について整理する。
　(2)　a_n が 200 になるときの n の値を求め，それが自然数になるかどうかで判断する。

解答　(1)　$a_n=a+(n-1)d=dn+(a-d)$
　　であるから，$a_n=3n-2$ と比較すると　　$d=3,\ a-d=-2$
　　よって　　**$a=1,\ d=3$**　答

　(2)　$a_n=200$ のとき　　$200=3n-2$　　よって　　$n=\dfrac{202}{3}$

　　n は自然数であるから，200 はこの数列の項に　**含まれない。**　答

教 p.22

2　初項が 50，公差が -3 である等差数列 $\{a_n\}$ がある。
　(1)　第何項が初めて負の数になるか。
　(2)　初項から第何項までの和が最大であるか。また，その和を求めよ。

指針　等差数列の項と和の最大
　(1)　一般項 a_n を求めて，$a_n<0$ を満たす最小の自然数 n を求める。
　(2)　和が最大となるのは，初項から 0 以上の項すべてを足した場合である。したがって，$a_n<0$ となる最小の n を求めると，初項から第 $(n-1)$ 項までの和が最大となる。

解答　(1)　一般項 a_n は　　$a_n=50+(n-1)\cdot(-3)=-3n+53$
　　第 n 項が負の数になるとすると

　　　　$-3n+53<0$　　よって　　$n>\dfrac{53}{3}$　　すなわち　　$n>17.66\cdots\cdots$

　　これを満たす最小の自然数 n は　　$n=18$
　　したがって，**第 18 項** が初めて負の数になる。　答
　(2)　(1)より，第 18 項が初めて負の数になるから，初項から **第 17 項** までの和が最大である。また，その和は
　　　　$\dfrac{1}{2}\cdot17\{2\cdot50+(17-1)\cdot(-3)\}=442$　答

3 第2項が3，第5項が24である等比数列 $\{a_n\}$ の一般項を求めよ。ただし，公比は実数とする。

指針 **等比数列の一般項** 初項を a，公比を r として，与えられた条件をもとに a，r についての連立方程式を立てる。

解答 初項を a，公比を r とする。

第2項が3であるから $\quad ar=3 \quad$ ……①

第5項が24であるから $\quad ar^4=24 \quad$ ……②

①，②より $\quad r^3=8 \quad$ r は実数であるから $\quad r=2$

①から，$r=2$ のとき $\quad a=\dfrac{3}{2}$

したがって $\quad a_n=\dfrac{3}{2}\cdot2^{n-1} \quad$ すなわち $\quad a_n=3\cdot2^{n-2}$ 答

4 第2項が3，初項から第3項までの和が13である等比数列の初項と公比を求めよ。

指針 **和が与えられた等比数列** 公比を r とし，第2項をもとにして，初項と第3項を r の式で表す。

解答 公比を r とする。

第2項が3であるから，初項は $\dfrac{3}{r}$ ……① 第3項は $3r$

初項から第3項までの和が13であるから

$\dfrac{3}{r}+3+3r=13 \quad$ これより $\quad 3r^2-10r+3=0$

因数分解して $\quad (r-3)(3r-1)=0 \quad$ よって $\quad r=3,\ \dfrac{1}{3}$

$r=3$ のとき，①より，初項は $\quad \dfrac{3}{3}=1$

$r=\dfrac{1}{3}$ のとき，①より，初項は $\quad 3\div\dfrac{1}{3}=9$

答 初項1，公比3 または 初項9，公比 $\dfrac{1}{3}$

コラム 不思議な数列

次のような数列があります。

$$1, \ 1, \ 2, \ 3, \ 5, \ 8, \ 13, \ 21, \ 34, \ 55, \ \cdots\cdots$$

この数列は，**フィボナッチ数列** と呼ばれていて，$1+1=2$，$1+2=3$ のように前2つの項の和が次の項になります。

この数列において，隣り合う2項の比は黄金比と呼ばれる値 $\dfrac{1+\sqrt{5}}{2}$ に近づいていくことが知られています。この数列の第20項までを求めて確かめてみましょう。

指針 **フィボナッチ数列** 上に示された数列 (第10項まで) に続いて，第11項 a_{11}，第12項 a_{12}，…… を，$34+55=89$，$55+89=144$，…… のようにして次々に求めていく。次に，教科書の計算に続いて，$\dfrac{a_{11}}{a_{10}}=\dfrac{89}{55}$，$\dfrac{a_{12}}{a_{11}}=\dfrac{144}{89}$，…… の値を小数で表して，$\dfrac{1+\sqrt{5}}{2}$ の近似値に近づいていくことを確認すればよい。

解答 $\dfrac{1+\sqrt{5}}{2}=1.618033988\cdots\cdots$ …… ①

この数列の第11項から第20項までは次のようになる。

$$89, \ 144, \ 233, \ 377, \ 610, \ 987, \ 1597, \ 2584, \ 4181, \ 6765$$

よって，この数列の第10項，第11項，……，第20項を a_{10}，a_{11}，……，a_{20} とおけば

$$\frac{a_{11}}{a_{10}}=1.618181818\cdots\cdots, \qquad \frac{a_{12}}{a_{11}}=1.617977528\cdots\cdots,$$

$$\frac{a_{13}}{a_{12}}=1.618055555\cdots\cdots, \qquad \frac{a_{14}}{a_{13}}=1.618025751\cdots\cdots,$$

$$\frac{a_{15}}{a_{14}}=1.618037135\cdots\cdots, \qquad \frac{a_{16}}{a_{15}}=1.618032786\cdots\cdots,$$

$$\frac{a_{17}}{a_{16}}=1.618034447\cdots\cdots, \qquad \frac{a_{18}}{a_{17}}=1.618033813\cdots\cdots,$$

$$\frac{a_{19}}{a_{18}}=1.618034055\cdots\cdots, \qquad \frac{a_{20}}{a_{19}}=1.618033963\cdots\cdots$$

したがって，隣り合う2項の比が①の値に近づいていくことが確認できる。

終

参考 フィボナッチ数列は，初項と第2項，および隣接する3項の間の関係を用いて，次のように定められる。

$$a_1=1, \ a_2=1, \ a_{n+2}=a_{n+1}+a_n \quad (n=1, \ 2, \ 3, \ \cdots\cdots)$$

第2節 いろいろな数列

6 和の記号 Σ

1 自然数の2乗の和

$$1^2+2^2+3^2+\cdots\cdots+n^2=\frac{1}{6}n(n+1)(2n+1)$$

2 和の記号 Σ

数列 $\{a_n\}$ について，初項から第 n 項までの和を，第 k 項 a_k と和の記号 Σ を用いて $\sum\limits_{k=1}^{n} a_k$ と書く。

$$\sum_{k=1}^{n} a_k = a_1+a_2+a_3+\cdots\cdots+a_n$$

注意 一般に，$\sum\limits_{k=\bigcirc}^{\square} a_k$ は，数列 $\{a_n\}$ の第○項から第□項までの和を表す。また，$\sum\limits_{i=1}^{n} a_i$ のように，k の代わりに別の文字を使うこともできる。なお，Σ はギリシャ文字で，「シグマ」と読む。

3 自然数に関する和の公式

$$\sum_{k=1}^{n} c = nc \qquad とくに \quad \sum_{k=1}^{n} 1 = n$$

$$\sum_{k=1}^{n} k = \frac{1}{2}n(n+1) \qquad \sum_{k=1}^{n} k^2 = \frac{1}{6}n(n+1)(2n+1)$$

4 和の記号 Σ の性質

1. $\sum\limits_{k=1}^{n} (a_k+b_k) = \sum\limits_{k=1}^{n} a_k + \sum\limits_{k=1}^{n} b_k$

2. $\sum\limits_{k=1}^{n} pa_k = p\sum\limits_{k=1}^{n} a_k$ ただし，p は k に無関係な定数

注意 $\sum\limits_{k=1}^{n} (a_k-b_k) = \sum\limits_{k=1}^{n} a_k - \sum\limits_{k=1}^{n} b_k$ も成り立つ。

A 自然数の2乗の和

練習24 次の和を求めよ。 教 p.24

(1) $1^2+2^2+3^2+\cdots\cdots+20^2$ (2) $1^2+2^2+3^2+\cdots\cdots+30^2$

指針 自然数の2乗の和 1 から n までの自然数の2乗の和は

$$1^2+2^2+3^2+\cdots\cdots+n^2=\frac{1}{6}n(n+1)(2n+1)$$

解答 (1) $\dfrac{1}{6}\cdot 20(20+1)(2\cdot 20+1)=\dfrac{1}{6}\cdot 20\cdot 21\cdot 41$

$\hspace{5cm}=\boldsymbol{2870}$ 答

(2) $\dfrac{1}{6}\cdot 30(30+1)(2\cdot 30+1)=\dfrac{1}{6}\cdot 30\cdot 31\cdot 61$

$\hspace{5cm}=\boldsymbol{9455}$ 答

B 和の記号 $\sum$

練習 25 次の式を教科書の例 11 のような和の形で書け。

(1) $\displaystyle\sum_{k=1}^{n}(2k-1)$　　(2) $\displaystyle\sum_{k=3}^{8}2^{k-1}$　　(3) $\displaystyle\sum_{k=1}^{n-1}\dfrac{1}{k}$

指針 **和の記号 $\sum$** たとえば，$\displaystyle\sum_{k=4}^{8}a_k$ であれば，第 4 項から第 8 項までの和であり，

$\displaystyle\sum_{k=4}^{8}a_k=a_4+a_5+a_6+a_7+a_8$ となる。このように，$\displaystyle\sum_{k=p}^{q}a_k$ においては，$\sum$ の下の $k=p$ の p は，和の最初の項の番号，$\sum$ の上の q は，和の最後の項の番号を表していることに注意する。

解答 (1) $\displaystyle\sum_{k=1}^{n}(2k-1)=(2\cdot 1-1)+(2\cdot 2-1)+(2\cdot 3-1)+\cdots\cdots+(2\cdot n-1)$

$\hspace{3cm}=\boldsymbol{1+3+5+\cdots\cdots+(2n-1)}$ 答

(2) $\displaystyle\sum_{k=3}^{8}2^{k-1}=2^{3-1}+2^{4-1}+2^{5-1}+2^{6-1}+2^{7-1}+2^{8-1}$

$\hspace{2.5cm}=\boldsymbol{2^2+2^3+2^4+2^5+2^6+2^7}$ 答

(3) $\displaystyle\sum_{k=1}^{n-1}\dfrac{1}{k}=\dfrac{1}{1}+\dfrac{1}{2}+\dfrac{1}{3}+\cdots\cdots+\dfrac{1}{n-1}=\boldsymbol{1+\dfrac{1}{2}+\dfrac{1}{3}+\cdots\cdots+\dfrac{1}{n-1}}$ 答

練習 26 (1), (2)の式が次の和を表すように□に適する数や式を求めよ。

$$1^2+3^2+5^2+7^2+9^2+11^2$$

(1) $\displaystyle\sum_{k=1}^{6}\boxed{}$　　(2) $\displaystyle\sum_{k=2}^{\square}\boxed{}$

指針 **和の記号 $\sum$**

(1) 正の奇数の 2 乗の和である。正の奇数を k の式で表す。

(2) $\boxed{}$ の式は，(1)で求めた k の式において，k を $k-1$ におきかえたものになる。

解答 (1) $\boxed{}=a_k$ とおく。1, 3, 5, 7, 9, 11 は正の奇数であり，正の奇数を表す数列の第 k 項は $1+(k-1)\cdot 2=2k-1$ であるから　　$a_k=\boldsymbol{(2k-1)^2}$ 答

(2) $\boxed{}=b_k$ とおく。1^2 が数列 $\{b_k\}$ の第 2 項なので，11^2 は第 7 項である。

よって $\boxed{}=7$ 答

また，$b_2=a_1$，$b_3=a_2$，$\cdots\cdots$ より，$b_k=a_{k-1}$ という関係が成り立つから，

$b_k=a_{k-1}=\{2(k-1)-1\}^2=(2k-3)^2$ 答

練習 27 次の和を求めよ。 **教** p.25

(1) $\displaystyle\sum_{k=1}^{15} 2$ (2) $\displaystyle\sum_{k=1}^{24} k$ (3) $\displaystyle\sum_{k=1}^{50} k$

(4) $\displaystyle\sum_{k=1}^{7} k^2$ (5) $\displaystyle\sum_{k=1}^{12} k^2$

指針 **自然数に関する和の公式** 自然数の和の公式 $\displaystyle\sum_{k=1}^{n} c=nc$，$\displaystyle\sum_{k=1}^{n} k=\frac{1}{2}n(n+1)$，

$\displaystyle\sum_{k=1}^{n} k^2=\frac{1}{6}n(n+1)(2n+1)$ を利用する。

解答 (1) $\displaystyle\sum_{k=1}^{15} 2=15\cdot 2=\mathbf{30}$ 答

(2) $\displaystyle\sum_{k=1}^{24} k=\frac{1}{2}\cdot 24(24+1)=\frac{1}{2}\cdot 24\cdot 25=\mathbf{300}$ 答

(3) $\displaystyle\sum_{k=1}^{50} k=\frac{1}{2}\cdot 50(50+1)=\frac{1}{2}\cdot 50\cdot 51=\mathbf{1275}$ 答

(4) $\displaystyle\sum_{k=1}^{7} k^2=\frac{1}{6}\cdot 7(7+1)(2\cdot 7+1)=\frac{1}{6}\cdot 7\cdot 8\cdot 15=\mathbf{140}$ 答

(5) $\displaystyle\sum_{k=1}^{12} k^2=\frac{1}{6}\cdot 12(12+1)(2\cdot 12+1)$

$=\frac{1}{6}\cdot 12\cdot 13\cdot 25=\mathbf{650}$ 答

C 和の記号 $\sum$ の性質

練習 28 次の和を求めよ。 **教** p.26

(1) $\displaystyle\sum_{k=1}^{n} (2k+1)$ (2) $\displaystyle\sum_{k=1}^{n} (3k-5)$ (3) $\displaystyle\sum_{k=1}^{n-1} 4k$

指針 **$\sum$ の計算** $\sum$ の性質と自然数の和の公式を利用する。

$\sum$ の性質 $\displaystyle\sum_{k=1}^{n} (a_k\pm b_k)=\sum_{k=1}^{n} a_k\pm\sum_{k=1}^{n} b_k$

$\displaystyle\sum_{k=1}^{n} pa_k=p\sum_{k=1}^{n} a_k$ （p は k に無関係な定数）

自然数の和の公式 $\displaystyle\sum_{k=1}^{n} k=\frac{1}{2}n(n+1)$，$\displaystyle\sum_{k=1}^{n} c=nc$

解答 (1) $\displaystyle\sum_{k=1}^{n}(2k+1)=2\sum_{k=1}^{n}k+\sum_{k=1}^{n}1=2\cdot\frac{1}{2}n(n+1)+n$

$=n(n+1)+n=\boldsymbol{n(n+2)}$ 答

(2) $\displaystyle\sum_{k=1}^{n}(3k-5)=3\sum_{k=1}^{n}k-\sum5=3\cdot\frac{1}{2}n(n+1)-5n$

$=\frac{1}{2}n\{3(n+1)-10\}=\frac{1}{2}\boldsymbol{n(3n-7)}$ 答

(3) $\displaystyle\sum_{k=1}^{n-1}4k=4\sum_{k=1}^{n-1}k=4\cdot\frac{1}{2}(n-1)\{(n-1)+1\}=\boldsymbol{2n(n-1)}$ 答

n を $n-1$ におきかえる。

深める 教科書 26 ページの例 13 (1) の和を，等差数列 $\{4n+3\}$ の初項から第 n 項までの和とみなして，教科書 14 ページの等差数列の和の公式を用いて求めてみよう。

教 p.26

指針 $\sum$ の計算と等差数列の和の公式
次の 1，2 のいずれかを用いて計算する。
1　初項 a，末項 l，項数 n の等差数列の和 S_n は
$$S_n=\frac{1}{2}n(a+l)$$
2　初項 a，公差 d，項数 n の等差数列の和 S_n は
$$S_n=\frac{1}{2}n\{2a+(n-1)d\}$$

解答 では，まず，1 を用いた解法を示し，あとの 別解 では，2 を用いた解法を紹介する。

解答 この等差数列の初項は $4\cdot1+3=7$，末項は $4n+3$，項数は n であるから，求める和を S_n とすると
$$S_n=\frac{1}{2}n\{7+(4n+3)\}=\frac{1}{2}n(4n+10)=\boldsymbol{n(2n+5)}$$ 答

別解 この等差数列の初項は $4\cdot1+3=7$，公差は 4，項数は n であるから，求める和を S_n とすると
$$S_n=\frac{1}{2}n\{2\cdot7+(n-1)\cdot4\}=\frac{1}{2}n(4n+10)=\boldsymbol{n(2n+5)}$$ 答

練習 29 次の和を求めよ。

教 p.27

(1) $\displaystyle\sum_{k=1}^{n}(3k^2-7k+4)$　　(2) $\displaystyle\sum_{k=1}^{n}(k-1)(k-2)$

指針 **∑ の計算** ∑ の性質と自然数の和の公式を利用する。

$$\sum_{k=1}^{n}(a_k \pm b_k)=\sum_{k=1}^{n}a_k \pm \sum_{k=1}^{n}b_k$$ ∑の性質

$$\sum_{k=1}^{n}pa_k=p\sum_{k=1}^{n}a_k \quad (p \text{ は } k \text{ に無関係な定数})$$

自然数の和の公式 $$\sum_{k=1}^{n}k=\frac{1}{2}n(n+1), \quad \sum_{k=1}^{n}c=nc$$

$$\sum_{k=1}^{n}k^2=\frac{1}{6}n(n+1)(2n+1)$$

解答 (1)
$$\sum_{k=1}^{n}(3k^2-7k+4)=3\sum_{k=1}^{n}k^2-7\sum_{k=1}^{n}k+\sum_{k=1}^{n}4$$
$$=3\cdot\frac{1}{6}n(n+1)(2n+1)-7\cdot\frac{1}{2}n(n+1)+4n$$
$$=\frac{1}{2}n\{(n+1)(2n+1)-7(n+1)+8\}$$
$$=\frac{1}{2}n(2n^2-4n+2)=n(n^2-2n+1)$$
$$=\boldsymbol{n(n-1)^2} \quad \boxed{答}$$

(2)
$$\sum_{k=1}^{n}(k-1)(k-2)=\sum_{k=1}^{n}(k^2-3k+2)$$
$$=\sum_{k=1}^{n}k^2-3\sum_{k=1}^{n}k+\sum_{k=1}^{n}2$$
$$=\frac{1}{6}n(n+1)(2n+1)-3\cdot\frac{1}{2}n(n+1)+2n$$
$$=\frac{1}{6}n\{(n+1)(2n+1)-9(n+1)+12\}$$
$$=\frac{1}{6}n(2n^2-6n+4)=\frac{1}{3}n(n^2-3n+2)$$
$$=\boldsymbol{\frac{1}{3}n(n-1)(n-2)} \quad \boxed{答}$$

練習 30

次の和を求めよ。

(1) $2^2+4^2+6^2+\cdots\cdots+(2n)^2$　　(2) $1^2+3^2+5^2+\cdots\cdots+(2n-1)^2$

指針 **∑ の計算** 教科書の例題 8 と同様に，まず，第 k 項が何であるかを確認してから，∑ の計算をする。

解答 (1) これは，第 k 項が $(2k)^2$ である数列の，初項から第 n 項までの和である。よって，求める和は
$$\sum_{k=1}^{n}(2k)^2=\sum_{k=1}^{n}4k^2=4\sum_{k=1}^{n}k^2$$

$$=4\cdot\frac{1}{6}n(n+1)(2n+1)$$

$$=\frac{2}{3}n(n+1)(2n+1) \quad \text{答}$$

(2) これは，第 k 項が $(2k-1)^2$ である数列の，初項から第 n 項までの和である。
　　よって，求める和は

$$\sum_{k=1}^{n}(2k-1)^2=\sum_{k=1}^{n}(4k^2-4k+1)=4\sum_{k=1}^{n}k^2-4\sum_{k=1}^{n}k+\sum_{k=1}^{n}1$$

$$=4\cdot\frac{1}{6}n(n+1)(2n+1)-4\cdot\frac{1}{2}n(n+1)+n$$

$$=\frac{1}{3}n\{2(n+1)(2n+1)-6(n+1)+3\}$$

$$=\frac{1}{3}n(4n^2-1)=\frac{1}{3}n(2n+1)(2n-1) \quad \text{答}$$

練習 31 次の和を求めよ。

(1) $\displaystyle\sum_{k=1}^{n}2\cdot5^{k-1}$　　　　(2) $\displaystyle\sum_{k=1}^{n}3^{k-1}$

指針 ∑ を用いて表された等比数列の和　教科書 p.27 の補足で示された

$$\sum_{k=1}^{n}r^{k-1}=1+r+r^2+\cdots\cdots+r^{n-1}=\frac{r^n-1}{r-1} \quad (r\neq1)$$

を利用して計算するとよい。

解答 (1) $\displaystyle\sum_{k=1}^{n}2\cdot5^{k-1}=2+2\cdot5+2\cdot5^2+\cdots\cdots+2\cdot5^{n-1}$

$$=2(1+5+5^2+\cdots\cdots+5^{n-1})$$

$$=2\cdot\frac{5^n-1}{5-1}=\frac{1}{2}(5^n-1) \quad \text{答}$$

(2) $\displaystyle\sum_{k=1}^{n}3^{k-1}=1+3+3^2+\cdots\cdots+3^{n-1}$

$$=\frac{3^n-1}{3-1}=\frac{1}{2}(3^n-1) \quad \text{答}$$

補足 上のようにいちいち項を書き出さなくてもよい。たとえば，(1)では，公式

$$\sum_{k=1}^{n}r^{k-1}=\frac{r^n-1}{r-1}$$ を機械的に適用して，

$$\sum_{k=1}^{n}2\cdot5^{k-1}=2\sum_{k=1}^{n}5^{k-1}=2\cdot\frac{5^n-1}{5-1}=\frac{1}{2}(5^n-1)$$ のように計算をしてもよい。

7 階差数列

まとめ

1 階差数列

数列 $\{a_n\}$ の隣り合う 2 項の差

$$a_{n+1}-a_n=b_n \quad (n=1, 2, 3, \cdots\cdots)$$

を項とする数列 $\{b_n\}$ を，数列 $\{a_n\}$ の **階差数列** という。

2 階差数列と一般項

数列 $\{a_n\}$ の階差数列を $\{b_n\}$ とすると

$$n \geqq 2 \text{ のとき} \qquad a_n=a_1+\sum_{k=1}^{n-1} b_k$$

1 だけ小さい

$$a_n = a_1 + \sum_{k=1}^{n-1} b_k$$

注意 上の a_n はあくまで $n \geqq 2$ のときの一般項であり，$n=1$ のときにも成り立つとは限らない。よって，$n=1$ のときについては，別に確かめる必要がある。

3 数列の和と一般項

数列 $\{a_n\}$ の初項 a_1 から第 n 項 a_n までの和を S_n とすると

初項 a_1 は $\qquad a_1=S_1$

$n \geqq 2$ のとき $\qquad a_n=S_n-S_{n-1}$

A 階差数列

教 p.28

練習 **32** 階差数列を考えて，次の数列の第 6 項，第 7 項を求めよ。

$$1, 2, 5, 10, 17, \cdots\cdots$$

指針 階差数列の項 もとの数列を $\{a_n\}$，その階差数列を $\{b_n\}$ とし，まず，数列 $\{b_n\}$ の一般項を求める。

次に，b_5，b_6 を求め，$a_6-a_5=b_5$，$a_7-a_6=b_6$ より，a_6，a_7 を求める。

解答 数列 $1, 2, 5, 10, 17, \cdots\cdots$ を $\{a_n\}$ とする。

階差数列 $\{b_n\}$ は

$$1, 3, 5, 7, \cdots\cdots$$

であり，初項 1，公差 2 の等差数列であるから，一般項は

$$b_n=1+(n-1)\cdot 2=2n-1$$

$a_6-a_5=b_5$ から $\qquad a_6=a_5+b_5=17+(2\cdot 5-1)=26$

$a_7-a_6=b_6$ から $\qquad a_7=a_6+b_6=26+(2\cdot 6-1)=37$

答 第 6 項 26，第 7 項 37

B 階差数列から一般項を求める

教 p.30

練習 33 階差数列を利用して，次の数列 $\{a_n\}$ の一般項を求めよ。

(1) 1, 2, 4, 7, 11, …… (2) 2, 3, 5, 9, 17, ……

指針 **階差数列と一般項** まず，数列 $\{a_n\}$ の階差数列 $\{b_n\}$ の一般項を求め，

$a_n = a_1 + \sum_{k=1}^{n-1} b_k \ (n \geqq 2)$ を計算する。次に，$n \geqq 2$ のときの式が，$n=1$ のときに

も成り立つかどうかを確認する。

解答 (1) 数列 $\{a_n\}$ の階差数列は 1, 2, 3, 4, ……

であり，その一般項を b_n とすると $b_n = n$

よって，$n \geqq 2$ のとき $a_n = a_1 + \sum_{k=1}^{n-1} k = 1 + \frac{1}{2}(n-1)n$

すなわち $a_n = \frac{1}{2}n^2 - \frac{1}{2}n + 1$

初項は $a_1 = 1$ であるから，この式は $n=1$ のときにも成り立つ。

したがって，一般項は $a_n = \frac{1}{2}n^2 - \frac{1}{2}n + 1$ 答

(2) 数列 $\{a_n\}$ の階差数列は 1, 2, 4, 8, ……

であり，その一般項を b_n とすると，数列 $\{b_n\}$ は初項 1，公比 2 の等比数列

であるから $b_n = 1 \cdot 2^{n-1} = 2^{n-1}$

よって，$n \geqq 2$ のとき $a_n = a_1 + \sum_{k=1}^{n-1} 2^{k-1} = 2 + \frac{2^{n-1}-1}{2-1}$

すなわち $a_n = 2^{n-1} + 1$

初項は $a_1 = 2$ であるから，この式は $n=1$ のときにも成り立つ。

したがって，一般項は $a_n = 2^{n-1} + 1$ 答

C 数列の和と一般項

教 p.30

練習 34 初項から第 n 項までの和 S_n が，$S_n = n^2 - n$ で表される数列 $\{a_n\}$ の

一般項を求めよ。

指針 **数列の和と一般項** 初項から第 n 項 a_n までの和 S_n がわかっているとき，一

般項 a_n は，$a_1 = S_1$，$a_n = S_n - S_{n-1} \ (n \geqq 2)$ で与えられる。

解答 初項 a_1 は $a_1 = S_1 = 1^2 - 1 = 0$ …… ①

$n \geqq 2$ のとき $a_n = S_n - S_{n-1} = n^2 - n - \{(n-1)^2 - (n-1)\}$

すなわち $a_n = 2n - 2$

①より $a_1 = 0$ であるから，この式は $n=1$ のときにも成り立つ。

したがって，一般項は $a_n = 2n - 2$ 答

8 いろいろな数列の和

まとめ

和の求め方の工夫

$\boxed{1}$ 分数の積の数列の和

恒等式 $\dfrac{1}{(k-a)(k-b)}=\dfrac{1}{a-b}\Big(\dfrac{1}{k-a}-\dfrac{1}{k-b}\Big)$ などを利用する。

$\boxed{2}$ 数列 $\{a_n r^{n-1}\}$ （a_n は等差数列）の和 S

等比数列の和の公式を導いたのと同様に，S と rS の差を計算する。

$\boxed{A}$ いろいろな数列の和

教 p.31

練習 35

恒等式 $\dfrac{1}{(2k-1)(2k+1)}=\dfrac{1}{2}\Big(\dfrac{1}{2k-1}-\dfrac{1}{2k+1}\Big)$

を利用して，次の和 S を求めよ。

$$S=\frac{1}{1\cdot3}+\frac{1}{3\cdot5}+\frac{1}{5\cdot7}+\cdots\cdots+\frac{1}{(2n-1)(2n+1)}$$

指針 **分数の積の数列の和** 与えられた恒等式を用いて各項を分解すると，ほとんどの項が互いに打ち消し合う。

解答 $S=\dfrac{1}{1\cdot3}+\dfrac{1}{3\cdot5}+\dfrac{1}{5\cdot7}+\cdots\cdots+\dfrac{1}{(2n-1)(2n+1)}$

$=\dfrac{1}{2}\Big(\dfrac{1}{1}-\dfrac{1}{3}\Big)+\dfrac{1}{2}\Big(\dfrac{1}{3}-\dfrac{1}{5}\Big)+\dfrac{1}{2}\Big(\dfrac{1}{5}-\dfrac{1}{7}\Big)+\cdots\cdots+\dfrac{1}{2}\Big(\dfrac{1}{2n-1}-\dfrac{1}{2n+1}\Big)$

$=\dfrac{1}{2}\Big(1-\dfrac{1}{2n+1}\Big)=\dfrac{2n+1-1}{2(2n+1)}=\boldsymbol{\dfrac{n}{2n+1}}$ 答

教 p.32

練習 36

次の和 S を求めよ。

$$S=1\cdot1+2\cdot3+3\cdot3^2+\cdots\cdots+n\cdot3^{n-1}$$

指針 **数列 $\{a_n r^{n-1}\}$ の和** 一般項が $n\cdot3^{n-1}$ で表される数列の和 S である。和 S を求めるには $S-3S$ を計算する。

解答 $\quad S=1\cdot1+2\cdot3+3\cdot3^2+4\cdot3^3+\cdots\cdots+\quad n\cdot3^{n-1}$

両辺に 3 を掛けると

$\quad 3S=\quad\quad 1\cdot3+2\cdot3^2+3\cdot3^3+\cdots\cdots+(n-1)\cdot3^{n-1}+n\cdot3^n$

辺々引くと

$\quad S-3S=1+\quad 3+\quad 3^2+\quad 3^3+\cdots\cdots+\quad\quad 3^{n-1}-n\cdot3^n$

よって　　$-2S = \dfrac{1 \cdot (3^n - 1)}{3 - 1} - n \cdot 3^n$

したがって　　$S = -\dfrac{1}{4}(3^n - 1) + \dfrac{n}{2} \cdot 3^n$

$$= \dfrac{1}{4}\{(2n-1) \cdot 3^n + 1\} \quad \boxed{答}$$

B 群に分けられた数列

練習
37

正の奇数の列を，次のような群に分ける。ただし，第 n 群には n 個の数が入るものとする。

$1 \mid 3,\ 5 \mid 7,\ 9,\ 11 \mid 13,\ 15,\ 17,\ 19 \mid 21,\ \cdots\cdots$
第1群　　第2群　　　第3群　　　　　第4群

(1) $n \geqq 2$ のとき，第 n 群の最初の数を n の式で表せ。

(2) 第15群に入るすべての数の和 S を求めよ。

指針 **群に分けられた数列**

(1) 第 k 群は k 個の奇数を含むから，第 $(n-1)$ 群の末項までに $\{1+2+3+\cdots\cdots+(n-1)\}$ 個だけの奇数がある。よって，第 n 群の最初の項は，正の奇数の列 1, 3, 5, $\cdots\cdots$ の $\{1+2+3+\cdots\cdots+(n-1)+1\}$ 番目の項である。

(2) 第15群の最初の数を初項とし，公差が2，項数15の等差数列の和である。

解答 (1) $n \geqq 2$ のとき，第1群から第 $(n-1)$ 群までに入る正の奇数の個数は

$$1+2+3+\cdots\cdots+(n-1) = \dfrac{1}{2}n(n-1)$$

求める数は，正の奇数の列の第 $\left\{\dfrac{1}{2}n(n-1)+1\right\}$ 項であるから

$$2\left\{\dfrac{1}{2}n(n-1)+1\right\}-1 = n^2 - n + 1 \quad \boxed{答}$$

(2) 第15群の最初の数は，(1)の結果を用いて　　$15^2 - 15 + 1 = 211$

よって，和 S は，初項211，公差2，項数15の等差数列の和であるから

$$S = \dfrac{1}{2} \cdot 15\{2 \cdot 211 + (15-1) \cdot 2\} = \dfrac{1}{2} \cdot 15 \cdot 450 = 3375 \quad \boxed{答}$$

補足 (1)で求めた式 $n^2 - n + 1$ $\cdots\cdots$ ① について，$n=1$ のとき $1^2 - 1 + 1 = 1$ であり，これは第1群の数 1 と一致している。

したがって，① は $n=1$ のときにも成り立つ。

第1章 第2節 補充問題

5 恒等式 $k^4-(k-1)^4=4k^3-6k^2+4k-1$ を用いて，次の公式を確かめよ。

$$1^3+2^3+3^3+\cdots\cdots+n^3=\left\{\frac{1}{2}n(n+1)\right\}^2$$

指針 **自然数の3乗の和** 教科書 *p*.23 の2乗の和の公式の証明と同様に，恒等式に $k=1$, 2, $\cdots\cdots$, n を代入して，辺々を加える。

解答 $S=1^3+2^3+3^3+\cdots\cdots+n^3$ とする。

恒等式 $k^4-(k-1)^4=4k^3-6k^2+4k-1$ において

$k=1$ とすると $\quad 1^4-0^4=4\cdot1^3-6\cdot1^2+4\cdot1-1$

$k=2$ とすると $\quad 2^4-1^4=4\cdot2^3-6\cdot2^2+4\cdot2-1$

$k=3$ とすると $\quad 3^4-2^4=4\cdot3^3-6\cdot3^2+4\cdot3-1$

$\qquad\cdots\cdots\qquad\qquad\cdots\cdots$

$k=n$ とすると $\quad n^4-(n-1)^4=4n^3-6n^2+4n-1$

これら n 個の等式の辺々を加えると

$$n^4=4(1^3+2^3+3^3+\cdots\cdots+n^3)-6(1^2+2^2+3^2+\cdots\cdots+n^2)$$
$$+4(1+2+3+\cdots\cdots+n)-n$$

$$=4S-6\cdot\frac{1}{6}n(n+1)(2n+1)+4\cdot\frac{1}{2}n(n+1)-n$$

ゆえに $\quad 4S=n^4+n(n+1)(2n+1)-2n(n+1)+n$

$\qquad\qquad =n\{n^3+(n+1)(2n+1)-2(n+1)+1\}$

$\qquad\qquad =n(n+1)\{(n^2-n+1)+(2n+1)-2\}$

$\qquad\qquad =n(n+1)(n^2+n)=n^2(n+1)^2=\{n(n+1)\}^2$

よって $\quad S=\left\{\frac{1}{2}n(n+1)\right\}^2$

すなわち $\quad 1^3+2^3+3^3+\cdots\cdots+n^3=\left\{\frac{1}{2}n(n+1)\right\}^2 \quad$ 終

6 和 $\displaystyle\sum_{k=1}^{n}k(k+1)(k+2)$ を求めよ。ただし，問題5の公式を用いてよい。

指針 **$\sum$ の計算** $\displaystyle\sum_{k=1}^{n}k=\frac{1}{2}n(n+1)$, $\displaystyle\sum_{k=1}^{n}k^2=\frac{1}{6}n(n+1)(2n+1)$, および，問題5の結果から，$\displaystyle\sum_{k=1}^{n}k^3=\left\{\frac{1}{2}n(n+1)\right\}^2$ であることを利用する。

解答 $\displaystyle\sum_{k=1}^{n} k(k+1)(k+2)=\sum_{k=1}^{n}(k^3+3k^2+2k)=\sum_{k=1}^{n}k^3+3\sum_{k=1}^{n}k^2+2\sum_{k=1}^{n}k$

$$=\left\{\frac{1}{2}n(n+1)\right\}^2+3\cdot\frac{1}{6}n(n+1)(2n+1)+2\cdot\frac{1}{2}n(n+1)$$

$$=\frac{1}{4}n(n+1)\{n(n+1)+2(2n+1)+4\}$$

$$=\frac{1}{4}n(n+1)(n^2+5n+6)=\frac{1}{4}\boldsymbol{n(n+1)(n+2)(n+3)}\quad\text{答}$$

教 p.34

7 次の和を求めよ。

(1) $\displaystyle\sum_{k=1}^{10}\frac{1}{k^2+3k+2}$ 　　　　(2) $\displaystyle\sum_{k=1}^{n}\frac{1}{\sqrt{k+1}+\sqrt{k}}$

指針 **差の形を利用する $\sum$ の計算**

(1) $\dfrac{1}{k^2+3k+2}=\dfrac{1}{(k+1)(k+2)}=\dfrac{1}{k+1}-\dfrac{1}{k+2}$ とすると，差の形になる。

(2) $\dfrac{1}{\sqrt{k+1}+\sqrt{k}}$ の分母を有理化すると，差の形になる。

解答 (1) $\dfrac{1}{k^2+3k+2}=\dfrac{1}{(k+1)(k+2)}=\dfrac{1}{k+1}-\dfrac{1}{k+2}$

よって $\displaystyle\sum_{k=1}^{10}\frac{1}{k^2+3k+2}=\sum_{k=1}^{10}\left(\frac{1}{k+1}-\frac{1}{k+2}\right)$

$$=\left(\frac{1}{2}-\frac{1}{3}\right)+\left(\frac{1}{3}-\frac{1}{4}\right)+\left(\frac{1}{4}-\frac{1}{5}\right)+\cdots\cdots+\left(\frac{1}{10}-\frac{1}{11}\right)+\left(\frac{1}{11}-\frac{1}{12}\right)$$

$$=\frac{1}{2}-\frac{1}{12}=\frac{5}{12}\quad\text{答}$$

(2) $\dfrac{1}{\sqrt{k+1}+\sqrt{k}}=\dfrac{\sqrt{k+1}-\sqrt{k}}{(\sqrt{k+1}+\sqrt{k})(\sqrt{k+1}-\sqrt{k})}=\sqrt{k+1}-\sqrt{k}$

よって $\displaystyle\sum_{k=1}^{n}\frac{1}{\sqrt{k+1}+\sqrt{k}}=\sum_{k=1}^{n}(\sqrt{k+1}-\sqrt{k})$

$$=(\sqrt{2}-\sqrt{1})+(\sqrt{3}-\sqrt{2})+(\sqrt{4}-\sqrt{3})$$
$$+\cdots\cdots+(\sqrt{n}-\sqrt{n-1})+(\sqrt{n+1}-\sqrt{n})$$

$$=\sqrt{n+1}-1\quad\text{答}$$

教 p.34

8 次の和 S を求めよ。

$$S=1\cdot1+3\cdot3+5\cdot3^2+\cdots\cdots+(2n-1)\cdot3^{n-1}$$

指針 **数列 $\{a_n r^{n-1}\}$ の和** 　和 S を求めるには $S-3S$ を計算する。

解答
$$S=1\cdot1+3\cdot3+5\cdot3^2+7\cdot3^3+\cdots\cdots+(2n-1)\cdot3^{n-1}$$

両辺に 3 を掛けると　　$3S=1\cdot3+3\cdot3^2+5\cdot3^3+\cdots\cdots+(2n-3)\cdot3^{n-1}+(2n-1)\cdot3^n$

辺々引くと　　$S-3S=1+2\cdot3+2\cdot3^2+2\cdot3^3+\cdots\cdots+2\cdot3^{n-1}-(2n-1)\cdot3^n$

ゆえに　　$-2S=1+2(3+3^2+3^3+\cdots\cdots+3^{n-1})-(2n-1)\cdot3^n$

$$=1+2\cdot\frac{3(3^{n-1}-1)}{3-1}-(2n-1)\cdot3^n=-(2n-2)\cdot3^n-2$$

よって　　$S=(n-1)\cdot3^n+1$　答

コラム　三角数，四角数，五角数

五角数について考えてみましょう。五角数を小さい順に並べると
$$1,\ 5,\ 12,\ 22,\ 35,\ 51,\ 70,\ 92,\ \cdots\cdots$$
であり，この数列を $\{a_n\}$ として，その階差数列をとると
$$4,\ 7,\ 10,\ 13,\ 16,\ 19,\ 22,\ \cdots\cdots$$
と，等差数列になっていることがわかります。
このことから，五角数がつくる数列 $\{a_n\}$ の一般項を求めてみましょう。

指針　**階差数列と一般項**　数列 $\{a_n\}$ の階差数列を $\{b_n\}$ とすると
$a_n=a_1+\sum\limits_{k=1}^{n-1}b_k$ $(n\geqq2)$ である。$n\geqq2$ のときの式が $n=1$ のときにも成り立つかどうかも確認する。

解答　数列 $\{a_n\}$ の階差数列は　　$4,\ 7,\ 10,\ 13,\ 16,\ 19,\ 22,\ \cdots\cdots$
であり，初項 4，公差 3 の等差数列であるから，一般項を b_n とすると
$$b_n=4+(n-1)\cdot3=3n+1$$
よって，$n\geqq2$ のとき
$$a_n=a_1+\sum_{k=1}^{n-1}(3k+1)=1+3\sum_{k=1}^{n-1}k+\sum_{k=1}^{n-1}1$$
$$=1+3\cdot\frac{1}{2}(n-1)n+n-1=\frac{1}{2}n(3n-1)$$
すなわち　　$a_n=\frac{1}{2}n(3n-1)$
初項は $a_1=1$ であるから，この式は $n=1$ のときにも成り立つ。
したがって，一般項は　　$a_n=\dfrac{1}{2}n(3n-1)$　答

第3節 漸化式と数学的帰納法

⑨ 漸化式

まとめ

1 漸化式

数列 $\{a_n\}$ は，次の2つの条件[1]，[2]を与えると，a_2，a_3，a_4，…… が順に求められ，すべての項がただ1通りに定まる。

　　　[1] 初項 a_1

　　　[2] a_n から a_{n+1} を決める関係式　$(n=1,\ 2,\ 3,\ ……)$

[2]のように，数列において前の項から次の項を決めるための関係式を **漸化式** という。今後，とくに断らなくても，与えられた漸化式は $n=1,\ 2,\ 3,\ ……$ で成り立つものとする。

2 等差数列，等比数列を表す漸化式

等差数列 $\{a_n\}$ の漸化式は　　$a_{n+1}=a_n+d$　　　←d が公差

等比数列 $\{a_n\}$ の漸化式は　　$a_{n+1}=ra_n$　　　←r が公比

3 階差数列と漸化式

$a_{n+1}=a_n+(n\text{ の式})$ の形の漸化式では，(n の式) が階差数列の一般項を表すから，階差数列を利用して一般項が求められることがある。

4 $a_{n+1}=pa_n+q$ の形の漸化式

一般に，$p\neq0$，$p\neq1$ のとき，$a_{n+1}=pa_n+q$ の形の漸化式は，等式 $c=pc+q$ を満たす c を用いて，次の形に変形できる。

$$a_{n+1}-c=p(a_n-c)　　←数列 \{a_n-c\} は等比数列$$

A 数列の漸化式と項

数 p.35

練習38 次の条件によって定められる数列 $\{a_n\}$ の第2項から第5項を求めよ。

(1) $a_1=100$，$a_{n+1}=a_n-5$　　(2) $a_1=2$，$a_{n+1}=3a_n$

(3) $a_1=2$，$a_{n+1}=3a_n+2$　　(4) $a_1=1$，$a_{n+1}=a_n+n$

指針 漸化式と項 漸化式に $n=1,\ 2,\ ……$ を代入し，a_1 から a_2，a_2 から a_3，…… と順番に求めていく。

解答 (1) $a_2=a_1-5=100-5=95$　　　$a_3=a_2-5=95-5=90$

$a_4=a_3-5=90-5=85$　　　$a_5=a_4-5=85-5=80$　答

(2) $a_2=3a_1=3\cdot2=6$　　　$a_3=3a_2=3\cdot6=18$

$a_4=3a_3=3\cdot18=54$　　　$a_5=3a_4=3\cdot54=162$　答

(3) $a_2=3a_1+2=3\cdot2+2=8$ $a_3=3a_2+2=3\cdot8+2=26$

$a_4=3a_3+2=3\cdot26+2=80$ $a_5=3a_4+2=3\cdot80+2=242$ 答

(4) $a_2=a_1+1=1+1=2$ $a_3=a_2+2=2+2=4$

$a_4=a_3+3=4+3=7$ $a_5=a_4+4=7+4=11$ 答

B 漸化式で定められる数列の一般項

<table>
<tr><td>練習
39</td><td>次の条件によって定められる数列 $\{a_n\}$ の一般項を求めよ。

(1) $a_1=2,\ a_{n+1}=a_n+3$ (2) $a_1=1,\ a_{n+1}=2a_n$</td><td></td></tr>
</table>

指針 **等差数列，等比数列を表す漸化式**

$a_{n+1}=a_n+d$ の形の漸化式は公差 d の等差数列，$a_{n+1}=ra_n$ の形の漸化式は公比 r の等比数列を表している。

解答 (1) 数列 $\{a_n\}$ は初項 2，公差 3 の等差数列であるから，一般項は

$a_n=2+(n-1)\cdot3$ すなわち $\boldsymbol{a_n=3n-1}$ 答

(2) 数列 $\{a_n\}$ は初項 1，公比 2 の等比数列であるから，一般項は

$a_n=1\cdot2^{n-1}$ すなわち $\boldsymbol{a_n=2^{n-1}}$ 答

<table>
<tr><td>練習
40</td><td>次の条件によって定められる数列 $\{a_n\}$ の一般項を求めよ。

(1) $a_1=1,\ a_{n+1}=a_n+3^n$ (2) $a_1=0,\ a_{n+1}=a_n+2n+1$</td></tr>
</table>

指針 **階差数列の利用** 漸化式は $a_{n+1}=a_n+(n\text{ の式})$ の形をしているから，階差数列を利用して一般項を求める。$(n\text{ の式})$ を b_n とおくと，数列 $\{b_n\}$ は数列 $\{a_n\}$ の階差数列であるから，$n\geqq2$ のとき，$a_n=a_1+\displaystyle\sum_{k=1}^{n-1}b_k$ である。

解答 (1) 条件より $a_{n+1}-a_n=3^n$

数列 $\{a_n\}$ の階差数列の一般項が 3^n であるから

$n\geqq2$ のとき $a_n=a_1+\displaystyle\sum_{k=1}^{n-1}3^k$

$\left(\begin{array}{l}\leftarrow\displaystyle\sum_{k=1}^{n-1}3^k \text{ は初項 3，公比 3,}\\ \text{項数 } n-1 \text{ の等比数列の}\\ \text{和である。}\end{array}\right.$

$=1+\dfrac{3(3^{n-1}-1)}{3-1}$

$=1+\dfrac{3^n-3}{2}$

> $n=1$ のときに成り立つことの確認を忘れないようにしよう。

よって $a_n=\dfrac{1}{2}(3^n-1)$

初項は $a_1=1$ であるから，この式は $n=1$ のときにも成り立つ。

したがって，一般項は $a_n=\dfrac{1}{2}(3^n-1)$ 答

(2) 条件より $a_{n+1}-a_n=2n+1$

数列 $\{a_n\}$ の階差数列の一般項が $2n+1$ であるから

$n\geqq2$ のとき $a_n=a_1+\sum_{k=1}^{n-1}(2k+1)$

$$=0+2\cdot\frac{1}{2}(n-1)n+1\cdot(n-1)=n(n-1)+(n-1)$$

よって $a_n=(n-1)(n+1)$

初項は $a_1=0$ であるから，この式は $n=1$ のときにも成り立つ。

したがって，一般項は $a_n=(n-1)(n+1)$ 答

練習 41 次の□に適する数を求めよ。

(1) $a_{n+1}=4a_n-6$ を変形すると $a_{n+1}-\square=4(a_n-\square)$

(2) $a_{n+1}=2a_n+1$ を変形すると $a_{n+1}+\square=2(a_n+\square)$

(3) $a_{n+1}=-2a_n+3$ を変形すると $a_{n+1}-\square=-2(a_n-\square)$

指針 $a_{n+1}=pa_n+q$ の形の漸化式の変形 □には同じ数が入る。

(1) $c=4c-6$ を満たす c をみつける。

(2) $c=2c+1$ を満たす c をみつける。

(3) $c=-2c+3$ を満たす c をみつける。

解答 (1) $a_{n+1}=4a_n-6$ …… ① に対して，次の等式を満たす c を考える。

$c=4c-6$ …… ②

② を解くと $c=2$ ①－② から $a_{n+1}-c=4(a_n-c)$

よって $a_{n+1}-2=4(a_n-2)$ 答 **2**

(2) $a_{n+1}=2a_n+1$ …… ① に対して，次の等式を満たす c を考える。

$c=2c+1$ …… ②

② を解くと $c=-1$ ①－② から $a_{n+1}-c=2(a_n-c)$

よって $a_{n+1}+1=2(a_n+1)$ 答 **1**

(3) $a_{n+1}=-2a_n+3$ …… ① に対して，次の等式を満たす c を考える。

$c=-2c+3$ …… ②

② を解くと $c=1$ ①－② から $a_{n+1}-c=-2(a_n-c)$

よって $a_{n+1}-1=-2(a_n-1)$ 答 **1**

練習 42 次の条件によって定められる数列 $\{a_n\}$ の一般項を求めよ。

(1) $a_1=5,\ a_{n+1}=4a_n-6$ (2) $a_1=1,\ a_{n+1}=2a_n+1$

(3) $a_1=2,\ a_{n+1}=-2a_n+3$ (4) $a_1=3,\ a_{n+1}=\frac{1}{2}a_n+1$

指針 **漸化式 $a_{n+1}=pa_n+q$ と一般項**　$a_{n+1}=pa_n+q$ の形の漸化式は，等式 $c=pc+q$ を満たす c を用いて，$a_{n+1}-c=p(a_n-c)$ と変形できる。
よって，$b_n=a_n-c$ とすると，数列 $\{b_n\}$ は公比 p，初項 a_1-c の等比数列になる。

解答 (1)　漸化式を変形すると　　　$a_{n+1}-2=4(a_n-2)$

$b_n=a_n-2$ とすると　　　　$b_{n+1}=4b_n$

よって，数列 $\{b_n\}$ は公比 4 の等比数列で，初項は　　$b_1=a_1-2=5-2=3$

数列 $\{b_n\}$ の一般項は　　$b_n=3\cdot4^{n-1}$

したがって，数列 $\{a_n\}$ の一般項は，$a_n=b_n+2$ より　　$a_n=3\cdot4^{n-1}+2$　答

(2)　漸化式を変形すると　　　$a_{n+1}+1=2(a_n+1)$

$b_n=a_n+1$ とすると　　　　$b_{n+1}=2b_n$

よって，数列 $\{b_n\}$ は公比 2 の等比数列で，初項は　　$b_1=a_1+1=1+1=2$

数列 $\{b_n\}$ の一般項は　　$b_n=2\cdot2^{n-1}=2^n$

したがって，数列 $\{a_n\}$ の一般項は，$a_n=b_n-1$ より　　$a_n=2^n-1$　答

(3)　漸化式を変形すると　　　$a_{n+1}-1=-2(a_n-1)$

$b_n=a_n-1$ とすると　　　　$b_{n+1}=-2b_n$

よって，数列 $\{b_n\}$ は公比 -2 の等比数列で，初項は　　$b_1=a_1-1=2-1=1$

数列 $\{b_n\}$ の一般項は　$b_n=1\cdot(-2)^{n-1}=(-2)^{n-1}$

したがって，数列 $\{a_n\}$ の一般項は，$a_n=b_n+1$ より　　$a_n=(-2)^{n-1}+1$　答

(4)　漸化式を変形すると　　　$a_{n+1}-2=\dfrac{1}{2}(a_n-2)$

$b_n=a_n-2$ とすると　　　$b_{n+1}=\dfrac{1}{2}b_n$

よって，数列 $\{b_n\}$ は公比 $\dfrac{1}{2}$ の等比数列で，

初項は　　　　$b_1=a_1-2=3-2=1$

数列 $\{b_n\}$ の一般項は　　$b_n=1\cdot\left(\dfrac{1}{2}\right)^{n-1}=\left(\dfrac{1}{2}\right)^{n-1}$

したがって，数列 $\{a_n\}$ の一般項は，$a_n=b_n+2$ より

$$a_n=\left(\dfrac{1}{2}\right)^{n-1}+2$$　答

補足 (1)　$c=4c-6$ を解くと　　　$c=2$

(2)　$c=2c+1$ を解くと　　　$c=-1$

(3)　$c=-2c+3$ を解くと　　　$c=1$

(4)　$c=\dfrac{1}{2}c+1$ を解くと　　　$c=2$

発展 隣接 3 項間の漸化式

まとめ

隣接 3 項間の漸化式
$a_{n+2}=(p+1)a_{n+1}-pa_n$ の形の漸化式は，次の形に変形することができる。
$$a_{n+2}-a_{n+1}=p(a_{n+1}-a_n)$$
したがって，$b_n=a_{n+1}-a_n$ とすることによって数列 $\{b_n\}$ の一般項が求められ，階差数列を用いて，数列 $\{a_n\}$ の一般項を求めることができる。

教 p.39

練習 1

次の条件によって定められる数列 $\{a_n\}$ の一般項を求めよ。
$$a_1=1, \quad a_2=4, \quad a_{n+2}=4a_{n+1}-3a_n \quad (n=1, 2, 3, \cdots\cdots)$$

指針 隣接 3 項間の漸化式 上のまとめのようにして漸化式を変形したうえで，
$b_n=a_{n+1}-a_n$ とする $\implies$ 一般項 b_n(等比数列) を求める
$\implies$ 階差数列を用いて一般項 a_n を求める
の手順で行う。

解答 漸化式を変形すると $\qquad a_{n+2}-a_{n+1}=3(a_{n+1}-a_n)$
$b_n=a_{n+1}-a_n$ とすると $\qquad b_{n+1}=3b_n$
よって，数列 $\{b_n\}$ は公比 3 の等比数列で，初項は
$$b_1=a_2-a_1=4-1=3$$
数列 $\{b_n\}$ の一般項は $\qquad b_n=3\cdot3^{n-1}=3^n$
数列 $\{b_n\}$ は数列 $\{a_n\}$ の階差数列であるから

$\qquad n\geqq2$ のとき $\qquad a_n=a_1+\displaystyle\sum_{k=1}^{n-1}3^k=1+\dfrac{3(3^{n-1}-1)}{3-1}=1+\dfrac{3}{2}(3^{n-1}-1)$

よって， $\qquad a_n=\dfrac{1}{2}(3^n-1)$

初項は $a_1=1$ であるから，この式は $n=1$ のときにも成り立つ。

したがって，一般項は $\qquad a_n=\dfrac{1}{2}(3^n-1)$ 答

10 数学的帰納法

1 数学的帰納法の原理

自然数 n を含む等式 (A) について，次の [1]，[2] が示せたとする。

[1] $n=1$ のとき (A) が成り立つ。

[2] $n=k$ のとき (A) が成り立つと仮定すると，

$n=k+1$ のときも (A) が成り立つ。

このとき，[1] から，まず $n=1$ のとき (A) が成り立つ。

すると，[2] から，$n=1+1$ すなわち $n=2$ のときも (A) が成り立つ。

さらに，[2] から，$n=2+1$ すなわち $n=3$ のときも (A) が成り立つ。

同様に $n=4$, 5, 6, …… のときも (A) が成り立つ。したがって，[1]，[2] を示せば，すべての自然数 n について (A) が成り立つと結論してよい。

このような証明法を 数学的帰納法 という。

2 数学的帰納法

一般に，自然数 n を含む条件 (A) があるとき，

「すべての自然数 n について (A) が成り立つ」

を証明するには，次の [1]，[2] を示せばよい。

[1] $n=1$ のとき (A) が成り立つ。

[2] $n=k$ のとき (A) が成り立つと仮定すると，

$n=k+1$ のときも (A) が成り立つ。

A 数学的帰納法の原理　B 等式の証明

教 p.41

練習 43 数学的帰納法を用いて，次の等式を証明せよ。

(1) $1+3+5+\cdots\cdots+(2n-1)=n^2$

(2) $1\cdot2+2\cdot3+3\cdot4+\cdots\cdots+n(n+1)=\dfrac{1}{3}n(n+1)(n+2)$

指針 **数学的帰納法による等式の証明** まず，$n=1$ のとき等式が成り立つことを示す。次に，$n=k$ のとき等式が成り立つと仮定し，$n=k+1$ のときも成り立つことを示す。

解答 (1) この等式を (A) とする。

　　[1] $n=1$ のとき

　　　　　　左辺 $=1$

　　　　　　右辺 $=1^2=1$

　　　よって，$n=1$ のとき，(A) が成り立つ。

[2]　$n=k$ のとき (A) が成り立つ，すなわち
$$1+3+5+\cdots\cdots+(2k-1)=k^2$$
が成り立つと仮定すると，$n=k+1$ のときの (A) の左辺は
$$\underline{1+3+5+\cdots\cdots+(2k-1)}+\{2(k+1)-1\}$$
$$=\underline{k^2}+(2k+1)=(k+1)^2$$
$n=k+1$ のときの (A) の右辺は　　　$(k+1)^2$
よって，$n=k+1$ のときも (A) が成り立つ。

[1]，[2] から，すべての自然数 n について (A) が成り立つ。　終

(2)　この等式を (A) とする。

　[1]　$n=1$ のとき
$$左辺=1\cdot2=2$$
$$右辺=\frac{1}{3}\cdot1\cdot(1+1)(1+2)=2$$

　よって，$n=1$ のとき，(A) が成り立つ。

　[2]　$n=k$ のとき (A) が成り立つ，すなわち
$$1\cdot2+2\cdot3+3\cdot4+\cdots\cdots+k(k+1)=\frac{1}{3}k(k+1)(k+2)$$
が成り立つと仮定すると，$n=k+1$ のときの (A) の左辺は
$$\underline{1\cdot2+2\cdot3+3\cdot4+\cdots\cdots+k(k+1)}+(k+1)(k+2)$$
$$=\underline{\frac{1}{3}k(k+1)(k+2)}+(k+1)(k+2)=\frac{1}{3}(k+1)(k+2)(k+3)$$
$n=k+1$ のときの (A) の右辺は
$$\frac{1}{3}(k+1)\{(k+1)+1\}\{(k+1)+2\}=\frac{1}{3}(k+1)(k+2)(k+3)$$
　よって，$n=k+1$ のときも (A) が成り立つ。

[1]，[2] から，すべての自然数 n について (A) が成り立つ。　終

C 不等式の証明

 練習44
教 p.42

n を 3 以上の自然数とするとき，次の不等式を証明せよ。
$$2^n>2n+1$$

指針　**数学的帰納法による不等式の証明**　数学的帰納法による証明はいつも $n=1$ から始めるとは限らない。本問では，$n\geqq3$ であるから，まず，$n=3$ のときに不等式が成り立つことを示す。

次に，$k\geqq3$ として，$n=k$ のときの不等式 $2^k>2k+1$ が成り立つと仮定すると，不等式 $2^{k+1}>2(k+1)+1$ が成り立つことを示す。

解答　この不等式を (A) とする。

[1] $n=3$ のとき

$$左辺 = 2^3 = 8$$
$$右辺 = 2 \cdot 3 + 1 = 7$$

よって，$n=3$ のとき，(A) が成り立つ。

[2] $k \geqq 3$ として，$n=k$ のとき (A) が成り立つ，すなわち
$2^k > 2k+1$ が成り立つと仮定する。

$n=k+1$ のときの (A) の両辺の差を考えると

$$2^{k+1} - \{2(k+1)+1\} = 2 \cdot 2^k - (2k+3)$$
$$> 2(2k+1) - (2k+3) \qquad \leftarrow 2^k > 2k+1 \text{ より}$$
$$= 2k-1 > 0 \qquad \leftarrow k \geqq 3 \text{ より}$$

すなわち $2^{k+1} > 2(k+1)+1$

よって，$n=k+1$ のときも (A) が成り立つ。

[1]，[2]から，3 以上のすべての自然数 n について (A) が成り立つ。 終

D 自然数に関する命題の証明

練習
45
教 p.43

n は自然数とする。$5^n - 1$ は 4 の倍数であることを，数学的帰納法を用いて証明せよ。

指針 **自然数に関する命題の証明**

$n=k$ に対し，5^k-1 は 4 の倍数であると仮定したとき，「5^k-1 は 4 の倍数である」
$\Longleftrightarrow$ 「整数 m を用いて，$5^k-1=4m$ と表される」のように式を用いた表現にいい換えたうえで，この式を $n=k+1$ のときの式変形で利用する。

解答 「5^n-1 は 4 の倍数である」を (A) とする。

[1] $n=1$ のとき

$$5^n-1 = 5^1-1 = 4$$

よって，$n=1$ のとき，(A) が成り立つ。

[2] $n=k$ のとき (A) が成り立つ，すなわち 5^k-1 は 4 の倍数であると仮定すると，5^k-1 はある整数 m を用いて

$$5^k-1=4m \qquad すなわち \qquad 5^k=4m+1$$

と表される。

$n=k+1$ のときを考えると

$$5^{k+1}-1 = 5 \cdot 5^k-1 = 5(4m+1)-1$$
$$= 4 \cdot 5m+4 = 4(5m+1)$$

$5m+1$ は整数であるから，$5^{k+1}-1$ は 4 の倍数である。

よって，$n=k+1$ のときも (A) が成り立つ。

[1]，[2]から，すべての自然数 n について (A) が成り立つ。 終

研究 自然数に関する命題のいろいろな証明

練習 1
(1) n は自然数とする。$4n^3-n$ は 3 の倍数であることを，数学的帰納法を用いて証明せよ。
(2) n は自然数とする。$4n^3-n$ は 3 の倍数であることを，自然数を 3 で割ったときの余りで場合分けする方法を利用して証明せよ。

指針 自然数に関する命題のいろいろな証明

(1) 教科書 *p.43* の応用例題 6 と同じようにして証明すればよい。
(2) 教科書 *p.44* と同様にして，次の 3 つの場合に分けて証明する。

[1] $n=3k$ のとき　　　　[2] $n=3k+1$ のとき
[3] $n=3k+2$ のとき

解答 (1) 「$4n^3-n$ は 3 の倍数である」を (A) とする。

[1] $n=1$ のとき　　$4n^3-n=4\cdot1^3-1=3$
よって，$n=1$ のとき，(A) が成り立つ。

[2] $n=k$ のとき (A) が成り立つ，すなわち $4k^3-k$ は 3 の倍数であると仮定すると，$4k^3-k$ はある整数 m を用いて　　$4k^3-k=3m$
と表される。$n=k+1$ のときを考えると
$$4(k+1)^3-(k+1)=4(k^3+3k^2+3k+1)-k-1$$
$$=(4k^3-k)+3(4k^2+4k+1)$$
$$=3m+3(4k^2+4k+1)=3(m+4k^2+4k+1)$$

$m+4k^2+4k+1$ は整数であるから，$4(k+1)^3-(k+1)$ は 3 の倍数である。
よって，$n=k+1$ のときも (A) が成り立つ。

[1]，[2] から，すべての自然数 n について (A) が成り立つ。　　終

(2) 自然数を 3 で割ったときの余りは 0，1，2 のいずれかである。よって，すべての自然数は，整数 k を用いて　　$3k$，$3k+1$，$3k+2$
のいずれかの形に表される。

[1] $n=3k$ のとき
$$4n^3-n=4\cdot(3k)^3-3k=3(36k^3-k)$$

[2] $n=3k+1$ のとき
$$4n^3-n=4\cdot(3k+1)^3-(3k+1)$$
$$=4(27k^3+27k^2+9k+1)-3k-1$$
$$=3(36k^3+36k^2+11k+1)$$

[3]　$n=3k+2$ のとき
$$4n^3-n=4\cdot(3k+2)^3-(3k+2)$$
$$=4(27k^3+54k^2+36k+8)-3k-2$$
$$=3(36k^3+72k^2+47k+10)$$

よって，いずれの場合も，$4n^3-n$ は 3 の倍数である。　終

第1章 第3節　　補充問題

教 p.45

9　次の条件によって定められる数列 $\{a_n\}$ の一般項を求めよ。
(1)　$a_1=2,\ a_{n+1}=a_n+n^2+n$　$(n=1,\ 2,\ 3,\ \cdots\cdots)$
(2)　$a_1=1,\ a_{n+1}+a_n=3$　　　$(n=1,\ 2,\ 3,\ \cdots\cdots)$
(3)　$a_1=2,\ 2a_{n+1}=a_n+1$　　$(n=1,\ 2,\ 3,\ \cdots\cdots)$

指針　**漸化式と一般項**
(1)　与えられた漸化式が $a_{n+1}=a_n+(n\text{ の式})$ の形をしているとき，その数列の一般項は階差数列を利用して求めることができる。
(2), (3)　与えられた漸化式が $a_{n+1}=pa_n+q$ の形になるとき，$c=pc+q$ を満たす c を考えると，$a_{n+1}-c=p(a_n-c)$ と変形できる。このとき，数列 $\{a_n-c\}$ は，公比 p，初項 a_1-c の等比数列である。

解答　(1)　漸化式より　　$a_{n+1}-a_n=n^2+n$
数列 $\{a_n\}$ の階差数列の一般項が n^2+n であるから
$n\geqq2$ のとき　　$a_n=a_1+\displaystyle\sum_{k=1}^{n-1}(k^2+k)=a_1+\sum_{k=1}^{n-1}k^2+\sum_{k=1}^{n-1}k$
$$=2+\frac{1}{6}(n-1)n(2n-1)+\frac{1}{2}(n-1)n$$

すなわち　　$a_n=\dfrac{1}{3}(n^3-n+6)$

初項は $a_1=2$ であるから，この式は $n=1$ のときにも成り立つ。

したがって，一般項は　$\boldsymbol{a_n=\dfrac{1}{3}(n^3-n+6)}$　答

(2)　漸化式より　　$a_{n+1}=-a_n+3$
これを変形すると　　$a_{n+1}-\dfrac{3}{2}=-\left(a_n-\dfrac{3}{2}\right)$

$b_n=a_n-\dfrac{3}{2}$ とすると　　$b_{n+1}=-b_n$

よって，数列 $\{b_n\}$ は公比 -1 の等比数列で，初項は

$$b_1 = a_1 - \frac{3}{2} = 1 - \frac{3}{2} = -\frac{1}{2}$$

数列 $\{b_n\}$ の一般項は $\qquad b_n = -\frac{1}{2}(-1)^{n-1} = \frac{(-1)^n}{2}$

したがって，数列 $\{a_n\}$ の一般項は，$a_n = b_n + \frac{3}{2}$ より $\quad \boldsymbol{a_n = \dfrac{(-1)^n + 3}{2}}$ 答

(3) 漸化式より $\qquad a_{n+1} = \frac{1}{2}a_n + \frac{1}{2}$

これを変形すると $\qquad a_{n+1} - 1 = \frac{1}{2}(a_n - 1)$

$b_n = a_n - 1$ とすると $\qquad b_{n+1} = \frac{1}{2}b_n$

よって，数列 $\{b_n\}$ は公比 $\frac{1}{2}$ の等比数列で，初項は

$$b_1 = a_1 - 1 = 2 - 1 = 1$$

数列 $\{b_n\}$ の一般項は $\qquad b_n = 1 \cdot \left(\frac{1}{2}\right)^{n-1} = \left(\frac{1}{2}\right)^{n-1}$

したがって，数列 $\{a_n\}$ の一般項は，$a_n = b_n + 1$ より

$$\boldsymbol{a_n = \left(\frac{1}{2}\right)^{n-1} + 1} \quad 答$$

教 p.45

10 次の条件によって定められる数列 $\{a_n\}$ がある。

$$a_1 = 2, \quad a_{n+1} = 2 - \frac{1}{a_n} \ (n = 1, \ 2, \ 3, \ \cdots\cdots)$$

(1) $a_2, \ a_3, \ a_4$ を求めよ。

(2) 第 n 項 a_n を推測して，それを数学的帰納法を用いて証明せよ。

指針 **漸化式と数学的帰納法**

(2) (1)で求めた $a_2, \ a_3, \ a_4$ から a_n を推測し，それが正しいことを証明する。
   また，$n = k+1$ での成立を示す際には漸化式を利用する。

解答 (1) $\boldsymbol{a_2 = 2 - \dfrac{1}{a_1} = 2 - \dfrac{1}{2} = \dfrac{3}{2}}$ 答 $\qquad \boldsymbol{a_3 = 2 - \dfrac{1}{a_2} = 2 - \dfrac{2}{3} = \dfrac{4}{3}}$ 答

$\boldsymbol{a_4 = 2 - \dfrac{1}{a_3} = 2 - \dfrac{3}{4} = \dfrac{5}{4}}$ 答

(2) (1)の結果から，$\boldsymbol{a_n = \dfrac{n+1}{n}} \quad \cdots\cdots$ (A) と推測できる。

[1] $n = 1$ のとき，$a_1 = \dfrac{1+1}{1} = 2$

よって，$n = 1$ のとき，(A)が成り立つ。

[2] $n = k$ のとき(A)が成り立つ，すなわち $a_k = \dfrac{k+1}{k}$ が成り立つと仮定する

と，漸化式より

$$a_{k+1}=2-\frac{1}{a_k}=2-\frac{k}{k+1}=\frac{2(k+1)-k}{k+1}=\frac{k+2}{k+1}$$

すなわち　　$a_{k+1}=\dfrac{(k+1)+1}{k+1}$

よって，$n=k+1$ のときも (A) が成り立つ。

[1]，[2] から，すべての自然数 n について (A) が成り立つ。　**終**

コラム　平面の分割

平面上に n 本の直線があります。それらのどの 2 本も平行ではなく，またどの 3 本も 1 点では交わらないとします。そして，これら n 本の直線で分けられる平面の部分の個数を a_n とします。

一般に　　$a_{n+1}=a_n+(n+1)$

であることを導いて，a_n を求めてみましょう。

指針　**図形と漸化式**　教科書 *p.*45 のコラムでの考察と同様にして，平面が n 本の直線で分けられているとき，$(n+1)$ 本目の直線を引くことによって新しい部分（分けられる部分）は何個増えるかを考えて，a_{n+1} と a_n の関係式を導く。あとは，階差数列を利用して a_n を求めればよい。

解答　1 本の直線で，平面は 2 つの部分に分けられるから　　$a_1=2$

n 本の直線により，平面が a_n 個の部分に分けられているとき，$(n+1)$ 本目の直線 ℓ を引くと，ℓ は n 本の直線と n 個の点で交わり，$(n-1)$ 個の線分と 2 個の半直線に分けられる。

これらの線分と半直線は，それが含まれる各部分を 2 つに分けるから，直線 ℓ を引くことで，平面の部分が $(n+1)$ 個増加する。よって

$$a_{n+1}=a_n+(n+1)\quad \text{終}$$

これより，$a_{n+1}-a_n=n+1$ であり，数列 $\{a_n\}$ の階差数列の一般項が $n+1$ であるから，$n\geqq2$ のとき

$$a_n=a_1+\sum_{k=1}^{n-1}(k+1)=2+\frac{1}{2}(n-1)n+(n-1)$$

よって　　$a_n=\dfrac{1}{2}(n^2+n+2)$

初項は $a_1=2$ であるから，この式は $n=1$ のときにも成り立つ。

したがって　　$a_n=\dfrac{1}{2}(n^2+n+2)$　**答**

第 1 章　章末問題 A

教 p.46

1. 第 4 項が 14，第 8 項が 30 である等差数列がある。次の数は，この数列の項であるかどうかを調べよ。また，項であるときは第何項かを求めよ。

   (1)　70　　　　　　　　(2)　124

指針 **等差数列の項の存在の判定**　まず，第 n 項を $a_n = a + (n-1)d$ とし，$a_4 = 14$，$a_8 = 30$ から a，d についての連立方程式を立てて a，d を求め，一般項 a_n を求める。次に，$a_n = 70$ や $a_n = 124$ となる自然数 n が存在するかどうかを調べる。

解答 初項を a，公差を d とすると

$$a_n = a + (n-1)d$$

第 4 項が 14 であるから　　$a + 3d = 14$　……①

第 8 項が 30 であるから　　$a + 7d = 30$　……②

①，② を解くと　　$a = 2$，$d = 4$

よって，一般項は　　$a_n = 2 + (n-1) \cdot 4$　　すなわち　　$a_n = 4n - 2$

(1)　第 n 項が 70 であるとすると　　$70 = 4n - 2$

これを解くと　　$n = 18$

よって，70 はこの数列の項であり，**第 18 項** である。　㊜

(2)　第 n 項が 124 であるとすると　　$124 = 4n - 2$

これを満たす自然数 n は存在しないから，124 はこの数列の **項ではない**。　㊜

教 p.46

2. 等差数列 1，4，7，…… の第 13 項から第 24 項までの和を求めよ。

指針 **等差数列の和**

　解法 1.　第 13 項を初項 a，第 24 項を末項 l とし，項数 n を求めて，等差数列の和の公式　$S_n = \dfrac{1}{2} n(a + l)$ から求める。

　解法 2.　初項から第 24 項までの和 S_{24} と，初項から第 12 項までの和 S_{12} の差として求める。

　次の 解答 では解法 1 による解き方を示し，あとの 別解 では解法 2 による解き方を示す。

解答 この等差数列の初項は 1，公差は 3 であるから，この等差数列の一般項 a_n は

$$a_n = 1 + (n-1) \cdot 3 = 3n - 2$$

したがって，第 13 項と第 24 項は

$$a_{13} = 3 \cdot 13 - 2 = 37$$
$$a_{24} = 3 \cdot 24 - 2 = 70$$

また，第 13 項から第 24 項までの項数は 24−13+1＝12

したがって，この等差数列の第 13 項から第 24 項までの和は，初項 37，末項 70，項数 12 の等差数列の和に等しいから，求める和は

$$\frac{1}{2}\cdot12(37+70)=642 \quad \text{答}$$

別解 この等差数列の初項は 1，公差は 3 である。

よって，この等差数列の初項から第 n 項までの和を S_n とすると

$$S_n=\frac{1}{2}n\{2\cdot1+(n-1)\cdot3\}$$

$$=\frac{n(3n-1)}{2}$$

求める和は $S_{24}-S_{12}$ であるから

$$S_{24}-S_{12}=\frac{24(3\cdot24-1)}{2}-\frac{12(3\cdot12-1)}{2}$$

$$=852-210=642 \quad \text{答}$$

教 p.46

3. 1 日目に 1 円，2 日目に 2 円，3 日目に 4 円，4 日目に 8 円，…… というように，2 日目以降は前日の 2 倍の金額を毎日貯金するとき，15 日間での貯金の総額を求めよ。

指針 **等比数列の和** 貯金する金額 (円) は 1，2，4，8，…… となり，初項 1，公比 2 の等比数列であるから，この等比数列の第 15 項までの和を求める。

解答 貯金する金額 (円) は 1，2，4，8，……，2^{14}

これは初項 1，公比 2，項数 15 の等比数列であるから，15 日間の貯金の総額は初項から第 15 項までの等比数列の和で求められる。

$$\frac{1\cdot(2^{15}-1)}{2-1}=2^{15}-1=32768-1=32767$$

よって，15 日間の貯金の総額は 32767 円 答

教 p.46

4. 初項が正の数である等比数列 $\{a_n\}$ の，第 2 項と第 4 項の和が 20 で，第 4 項と第 6 項の和が 80 であるとき，次のものを求めよ。

(1) 初項と公比 (2) 初項から第 10 項までの和

指針 **等比数列の一般項と和**

(1) 初項を a，公比を r とし，$a_2+a_4=20$，$a_4+a_6=80$ から，a と r についての連立方程式を立てる。

(2) 初項 a，公比 r の等比数列の初項から第 n 項までの和 S_n は

$r \neq 1$ のとき $S_n=\dfrac{a(r^n-1)}{r-1}$

解答 (1) 初項を a，公比を r とすると

第2項と第4項の和が20であるから
$$ar+ar^3=20 \quad \cdots\cdots ①$$

第4項と第6項の和が80であるから
$$ar^3+ar^5=80 \quad \cdots\cdots ②$$

②の左辺を変形すると $r^2(ar+ar^3)=80$

①を代入して $20r^2=80$

よって $r^2=4$ ゆえに $r=\pm2$

$r=2$ のとき，①より $10a=20$ $a=2$

$r=-2$ のとき，①より $-10a=20$ $a=-2$

$a>0$ であるから $\quad$ **初項2，公比2** 答

(2) (1)より，初項2，公比2であるから，初項から第10項までの和は
$$\frac{2(2^{10}-1)}{2-1}=2\times1023=\mathbf{2046} \quad 答$$

5. 次の数列の第 k 項を k の式で表せ。また，この数列の和を求めよ。
$$1,\ 1+3,\ 1+3+5,\ \cdots\cdots,\ 1+3+5+\cdots\cdots+(2n-1)$$

指針 **和の形の数列の一般項と和** この数列の第 k 項は，k 個の正の奇数の和になっている。

解答 この数列の第 k 項は $\quad 1+3+5+\cdots\cdots+(2k-1)=\boldsymbol{k^2}$ 答

また，この数列の項数は n であるから，求める和は
$$\sum_{k=1}^{n}k^2=\frac{1}{6}\boldsymbol{n(n+1)(2n+1)} \quad 答$$

6. 初項から第 n 項までの和 S_n が，$S_n=n^2+1$ で表される数列 $\{a_n\}$ の一般項を求めよ。

指針 **数列の和と一般項** 初項から第 n 項 a_n までの和 S_n がわかっているとき，一般項 a_n は，$a_1=S_1$，$a_n=S_n-S_{n-1}\ (n\geqq2)$ で与えられる。

解答 初項 a_1 は $\quad a_1=S_1=1^2+1=2 \quad \cdots\cdots ①$

$n\geqq2$ のとき $\quad a_n=S_n-S_{n-1}=(n^2+1)-\{(n-1)^2+1\}$

すなわち $\quad a_n=2n-1$

①より $a_1=2$ であるから，この式は $n=1$ のときには成り立たない。

したがって，求める一般項は
$$a_1=2,\ n\geqq2\ のとき\quad a_n=2n-1 \quad 答$$

7. 次の和を求めよ。

(1) $\displaystyle\sum_{k=1}^{n}\frac{1}{k(k+1)(k+2)}$　　　　(2) $\displaystyle\sum_{k=1}^{n}\frac{2}{k(k+2)}$

指針 **差の形を利用する $\sum$ の計算**　(1), (2) とも分数式の差の形に分解することを考える。差の形の $\sum$ の計算は，各項が互いに打ち消し合って簡単な形になる。

解答 (1) $\dfrac{1}{k(k+1)(k+2)}=\dfrac{1}{2}\left\{\dfrac{1}{k(k+1)}-\dfrac{1}{(k+1)(k+2)}\right\}$

よって　$\displaystyle\sum_{k=1}^{n}\frac{1}{k(k+1)(k+2)}=\frac{1}{2}\sum_{k=1}^{n}\left\{\frac{1}{k(k+1)}-\frac{1}{(k+1)(k+2)}\right\}$

$=\dfrac{1}{2}\left[\left(\dfrac{1}{1\cdot2}-\dfrac{1}{2\cdot3}\right)+\left(\dfrac{1}{2\cdot3}-\dfrac{1}{3\cdot4}\right)\right.$

$\left.+\cdots\cdots+\left\{\dfrac{1}{(n-1)n}-\dfrac{1}{n(n+1)}\right\}+\left\{\dfrac{1}{n(n+1)}-\dfrac{1}{(n+1)(n+2)}\right\}\right]$

$=\dfrac{1}{2}\left\{\dfrac{1}{2}-\dfrac{1}{(n+1)(n+2)}\right\}=\dfrac{(n+1)(n+2)-2}{4(n+1)(n+2)}$

$=\dfrac{n(n+3)}{4(n+1)(n+2)}$　答

(2)　$n=1$ のとき　$\displaystyle\sum_{k=1}^{1}\frac{2}{k(k+2)}=\frac{2}{1\cdot3}=\frac{2}{3}$

$n\geqq2$ のとき　$\dfrac{2}{k(k+2)}=\dfrac{1}{k}-\dfrac{1}{k+2}$

よって　$\displaystyle\sum_{k=1}^{n}\frac{2}{k(k+2)}=\sum_{k=1}^{n}\left(\frac{1}{k}-\frac{1}{k+2}\right)$

$=\left(\dfrac{1}{1}-\dfrac{1}{3}\right)+\left(\dfrac{1}{2}-\dfrac{1}{4}\right)+\left(\dfrac{1}{3}-\dfrac{1}{5}\right)+\left(\dfrac{1}{4}-\dfrac{1}{6}\right)$

$+\cdots\cdots+\left(\dfrac{1}{n-2}-\dfrac{1}{n}\right)+\left(\dfrac{1}{n-1}-\dfrac{1}{n+1}\right)+\left(\dfrac{1}{n}-\dfrac{1}{n+2}\right)$

$=1+\dfrac{1}{2}-\dfrac{1}{n+1}-\dfrac{1}{n+2}$

$=\dfrac{3(n+1)(n+2)-2(n+2)-2(n+1)}{2(n+1)(n+2)}$

$=\dfrac{3n^2+9n+6-2n-4-2n-2}{2(n+1)(n+2)}=\dfrac{3n^2+5n}{2(n+1)(n+2)}=\dfrac{n(3n+5)}{2(n+1)(n+2)}$

これは，$n=1$ のときにも成り立つ。

したがって　$\displaystyle\sum_{k=1}^{n}\frac{2}{k(k+2)}=\frac{n(3n+5)}{2(n+1)(n+2)}$　答

教 p.46

8. n は自然数とする。$2^{2n-1}+3^{2n-1}$ は 5 の倍数であることを，数学的帰納法を用いて証明せよ。

指針 **自然数に関する命題の証明** 5 の倍数は整数 m を用いて $5m$ と表される。$n=k$ のとき $2^{2k-1}+3^{2k-1}$ が $5m$ と表されると仮定して，$2^{2(k+1)-1}+3^{2(k+1)-1}$ が $5\times(整数)$ と表されることを示す。

解答 「$2^{2n-1}+3^{2n-1}$ は 5 の倍数である」を (A) とする。

[1] $n=1$ のとき $2^{2\cdot1-1}+3^{2\cdot1-1}=2+3=5$

よって，$n=1$ のとき，(A) が成り立つ。

[2] $n=k$ のとき (A) が成り立つと仮定する。

すなわち，ある整数 m を用いて $2^{2k-1}+3^{2k-1}=5m$ …… ①

と表されると仮定する。$n=k+1$ のときを考えると

$$2^{2(k+1)-1}+3^{2(k+1)-1}=2^{2k+1}+3^{2k+1}=2^2\cdot2^{2k-1}+3^2\cdot3^{2k-1}$$
$$=4(2^{2k-1}+3^{2k-1})+5\cdot3^{2k-1}=4\cdot5m+5\cdot3^{2k-1} \qquad \leftarrow①より$$
$$=5(4m+3^{2k-1})$$

m は整数で k は自然数であるから，$4m+3^{2k-1}$ は整数である。

よって，$2^{2(k+1)-1}+3^{2(k+1)-1}$ は 5 の倍数であるから，$n=k+1$ のときも (A) が成り立つ。

[1]，[2] から，すべての自然数 n について (A) が成り立つ。 終

第 1 章　章末問題B

教 p.47

9. 分数の列を，次のような群に分ける。ただし，第 n 群には n 個の分数が入り，その分母は n，分子は 1 から n までの自然数であるとする。

$$\frac{1}{1} \mid \frac{1}{2}, \frac{2}{2} \mid \frac{1}{3}, \frac{2}{3}, \frac{3}{3} \mid \frac{1}{4}, \frac{2}{4}, \frac{3}{4}, \frac{4}{4} \mid \frac{1}{5}, \cdots\cdots$$

(1) $\frac{3}{10}$ は第何項か。　　　　(2) 第 100 項を求めよ。

指針 **群に分けられた数列** 分母が同じ項が 1 つの群になっている。

(1) $\frac{3}{10}$ は第 10 群の 3 番目である。まず，第 9 群までの項数を求める。

(2) 第 100 項が第 n 群に入るとすると

{第 $(n-1)$ 群までの項数}$<100\leqq$(第 n 群までの項数) が成り立つ。

解答 (1) $\dfrac{3}{10}$ は第 10 群の 3 番目の数である。

第 1 群から第 9 群までの項数は $\displaystyle\sum_{k=1}^{9} k=\dfrac{1}{2}\cdot 9(9+1)=45$

よって，$45+3=48$ から，$\dfrac{3}{10}$ はこの数列の **第 48 項** である。 答

(2) 第 100 項が第 n 群に入る数であるとすると

{第 $(n-1)$ 群までの項数}<100≦(第 n 群までの項数) より

$$\sum_{k=1}^{n-1} k<100\leqq\sum_{k=1}^{n} k \qquad \text{したがって} \qquad \dfrac{1}{2}(n-1)n<100\leqq\dfrac{1}{2}n(n+1)$$

すなわち $(n-1)n<200\leqq n(n+1)$

$13\times 14=182,\ 14\times 15=210$ より，これを満たす自然数 n は $n=14$

よって，第 100 項は第 14 群に入る数であり

$$100-\sum_{k=1}^{13} k=100-\dfrac{1}{2}\cdot 13(13+1)=100-91=9$$

であるから，第 100 項は $\dfrac{9}{14}$ 答

教 p.47

10. 項数 n の数列 $1\cdot n,\ 2(n-1),\ 3(n-2),\ \cdots\cdots,\ n\cdot 1$ がある。

(1) この数列の第 k 項を n と k を用いた式で表せ。

(2) この数列の和を求めよ。

指針 $\sum$ の計算の利用

(1) 各項の左側の数だけに着目すると $1,\ 2,\ 3,\ \cdots\cdots,\ n$

同様に，右側の数だけに着目すると $n,\ n-1,\ n-2,\ \cdots\cdots,\ 1$

(2) n は k に無関係な定数であることに注意して計算する。

解答 (1) 各項を 2 つの数列に分けて考えると

$1,\ 2,\ 3,\ \cdots\cdots,\ n$ $\cdots\cdots$ ①

$n,\ n-1,\ n-2,\ \cdots\cdots,\ 1$ $\cdots\cdots$ ②

①の第 k 項は k，②の第 k 項は $n-(k-1)=n-k+1$

よって，この数列の第 k 項は $k(n-k+1)$ 答

(2) この数列の和は，(1)より

$$\sum_{k=1}^{n} k(n-k+1)=\sum_{k=1}^{n}\{-k^2+(n+1)k\}=-\sum_{k=1}^{n} k^2+(n+1)\sum_{k=1}^{n} k$$

$$=-\dfrac{1}{6}n(n+1)(2n+1)+(n+1)\cdot\dfrac{1}{2}n(n+1)$$

$$=\dfrac{1}{6}n(n+1)\{-(2n+1)+3(n+1)\}$$

$$=\dfrac{1}{6}n(n+1)(n+2)$$ 答

11. 数列 $\{a_n\}$ の初項から第 n 項までの和 S_n が, $S_n = 2a_n - 1$ であるとする。

(1) $a_{n+1} = 2a_n$ であることを示せ。

(2) 数列 $\{a_n\}$ の一般項を求めよ。

指針 **数列の和と一般項**

(1) $a_{n+1} = S_{n+1} - S_n$ であることを利用して変形するとよい。

(2) (1)より，数列 $\{a_n\}$ は等比数列であることがわかる。

解答 (1) $a_{n+1} = S_{n+1} - S_n$ であるから $\quad a_{n+1} = (2a_{n+1} - 1) - (2a_n - 1) = 2a_{n+1} - 2a_n$

よって $\quad a_{n+1} = 2a_n$ 　終

(2) (1)より，数列 $\{a_n\}$ は公比 2 の等比数列であり，初項 a_1 は

$a_1 = S_1 = 2a_1 - 1$ より $\quad a_1 = 1$

したがって，数列 $\{a_n\}$ の一般項は $\quad a_n = 1 \cdot 2^{n-1}$ すなわち $\quad a_n = 2^{n-1}$ 　答

12. 24 時間に 1 回服用する薬がある。この薬を 1 回服用すると，服用直後の体内の薬の有効成分は 100 mg 増加する。また，体内に入った薬の有効成分の量は 24 時間ごとに 20% になる。1 回目に薬を服用した直後の体内の有効成分の量が 100 mg であるとき，次の問いに答えよ。

(1) 3 回目に薬を服用した直後の体内の有効成分の量を求めよ。

(2) n 回目に薬を服用した直後の体内の有効成分の量を a_n mg とするとき，a_{n+1} を a_n で表せ。

(3) a_n を n の式で表せ。

指針 **漸化式の応用問題**

(1), (2) 問題文から，服用直前には，薬の有効成分は前回の服用直後の $\dfrac{20}{100} = \dfrac{1}{5}$ になっていることがわかる。したがって，次が成り立つ。

$\{(n+1)$ 回目の服用直後の有効成分の量$\}$

$$= \left\{ (n \text{ 回目の服用直後の有効成分の量}) \times \frac{1}{5} + 100 \right\} \text{(mg)}$$

解答 服用直前には，体内の薬の有効成分は，前回の服用直後の $\dfrac{20}{100} = \dfrac{1}{5}$ であり，新たな薬の服用によって，服用直後の有効成分は 100 mg 増加する。

(1) 2 回目に薬を服用した直後の体内の有効成分の量は

$$100 \times \frac{1}{5} + 100 = 120 \text{(mg)}$$

よって，3 回目に薬を服用した直後の体内の有効成分の量は

$$120 \times \frac{1}{5} + 100 = 124(\text{mg}) \quad 答$$

(2) $a_{n+1} = a_n \times \frac{1}{5} + 100$ すなわち $a_{n+1} = \frac{1}{5}a_n + 100$ 答

(3) (2)の漸化式から $a_{n+1} - 125 = \frac{1}{5}(a_n - 125)$

数列 $\{a_n - 125\}$ は公比 $\frac{1}{5}$, 初項 $a_1 - 125 = 100 - 125 = -25$

の等比数列であるから $a_n - 125 = (-25) \cdot \left(\frac{1}{5}\right)^{n-1}$

よって $a_n = 125 - 25\left(\frac{1}{5}\right)^{n-1}$ 答

教 p.47

13. 次の条件によって定められる数列 $\{a_n\}$ がある。
$$a_1 = 1, \quad na_{n+1} = 2(n+1)a_n \quad (n = 1, 2, 3, \cdots\cdots)$$

(1) $b_n = \dfrac{a_n}{n}$ とするとき, 数列 $\{b_n\}$ の一般項を求めよ。

(2) 数列 $\{a_n\}$ の一般項を求めよ。

指針 **漸化式とおき換え**
(1) 漸化式の両辺を $n(n+1)$ で割る。
(2) $a_n = nb_n$ から, a_n を求める。

解答 (1) 漸化式の両辺を $n(n+1)$ で割ると $\dfrac{a_{n+1}}{n+1} = 2 \cdot \dfrac{a_n}{n}$

$b_n = \dfrac{a_n}{n}$ のとき, $b_{n+1} = \dfrac{a_{n+1}}{n+1}$ であるから $b_{n+1} = 2b_n$

数列 $\{b_n\}$ は公比 2 の等比数列で, 初項は $b_1 = \dfrac{a_1}{1} = \dfrac{1}{1} = 1$

よって, 数列 $\{b_n\}$ の一般項は $b_n = 1 \cdot 2^{n-1}$
すなわち $b_n = 2^{n-1}$ 答

(2) $b_n = \dfrac{a_n}{n}$ から $a_n = nb_n$

よって, 数列 $\{a_n\}$ の一般項は $a_n = n \cdot 2^{n-1}$ 答

第2章 | 統計的な推測

第1節 確率分布

1 確率変数と確率分布

まとめ

1 確率変数

試行の結果によってその値が定まり，各値に対応して確率が定まるような変数を **確率変数** という。

2 確率分布

確率変数 X のとりうる値が x_1, x_2, ……, x_n であり，それぞれの値をとる確率が p_1, p_2, ……, p_n であるとき，次のことが成り立つ。

$$p_1 \geqq 0, \ p_2 \geqq 0, \ ……, \ p_n \geqq 0$$
$$p_1 + p_2 + …… + p_n = 1$$

確率変数 X のとりうる値とその値をとる確率との対応関係は，下の表のように書き表される。この対応関係を，X の **確率分布** または **分布** といい，確率変数 X はこの分布に **従う** という。

X	x_1	x_2	……	x_n	計
P	p_1	p_2	……	p_n	1

3 確率の表し方

確率変数 X が値 a をとる確率を $P(X=a)$ で表す。

また，X が a 以上 b 以下の値をとる確率を $P(a \leqq X \leqq b)$ で表す。

A 確率変数 **B** 確率分布の求め方

教 p.51

練習 1　白玉2個と黒玉3個の入った袋から，4個の玉を同時に取り出すとき，出る黒玉の個数を X とする。X の確率分布を求めよ。

指針 **確率分布の求め方**　確率変数 X(出る黒玉の個数) は2か3である。4個の玉を同時に取り出すときに黒玉が2個，3個になる確率を求め，対応関係を表にする。求めた確率の和は1になる。

解答 X のとりうる値は，2，3である。
　　　各値について，X がその値をとる確率を求めると

$$P(X=2)=\frac{{}_2C_2\times{}_3C_2}{{}_5C_4}=\frac{{}_2C_2\times{}_3C_1}{{}_5C_1}=\frac{3}{5}$$

$$P(X=3)=\frac{{}_2C_1\times{}_3C_3}{{}_5C_4}=\frac{{}_2C_1\times{}_3C_3}{{}_5C_1}=\frac{2}{5}$$

よって，X の確率分布は右の表のようになる。

X	2	3	計
P	$\frac{3}{5}$	$\frac{2}{5}$	1

答

教 p.51

練習 2　2個のさいころを同時に投げて，出る目の和を X とする。X の確率分布を求めよ。

指針　**確率分布の求め方**　確率変数 X(出る目の和) は多くの値をとりうる。このような場合は，解答のように，2個のさいころの目とその和を対応させた表を作ると，すべての場合をもれなく把握できる。

解答　2個のさいころの出る目とその和の対応は右の表のようになる。この表から，X のとりうる値は，2，3，4，……，11，12 である。起こりうるすべての場合の数は $6\times6=36$(通り) であるから，X が各値をとる確率を求めると，X の確率分布は次の表のようになる。

	1	2	3	4	5	6
1	2	3	4	5	6	7
2	3	4	5	6	7	8
3	4	5	6	7	8	9
4	5	6	7	8	9	10
5	6	7	8	9	10	11
6	7	8	9	10	11	12

X	2	3	4	5	6	7	8	9	10	11	12	計
P	$\frac{1}{36}$	$\frac{2}{36}$	$\frac{3}{36}$	$\frac{4}{36}$	$\frac{5}{36}$	$\frac{6}{36}$	$\frac{5}{36}$	$\frac{4}{36}$	$\frac{3}{36}$	$\frac{2}{36}$	$\frac{1}{36}$	1

答

注意　本問のように，確率変数のとりうる値が多い場合には，求めた確率の和を計算してそれが1になるかどうかを確認し，計算ミスがないかをチェックするとよい。

2 確率変数の期待値と分散

1 期待値（平均）

確率変数 X の確率分布が右の表で与えられ
ているとき

X	x_1	x_2	$\cdots\cdots$	x_n	計
P	p_1	p_2	$\cdots\cdots$	p_n	1

表

$$x_1p_1+x_2p_2+\cdots\cdots+x_np_n=\sum_{k=1}^{n}x_kp_k$$

を，X の **期待値** または **平均** といい，$E(X)$ または m で表す。

2 $aX+b$ の期待値

X を確率変数，a，b を定数とするとき，$aX+b$ も確率変数であり，

$$E(aX+b)=aE(X)+b$$

3 X^2 の期待値

確率変数 X に対して，X^2 もまた確率変数である。X の確率分布が右上の表
で与えられるとき，X^2 の期待値は

$$E(X^2)=\sum_{k=1}^{n}x_k{}^2p_k$$

4 確率変数の分散

確率変数 X の確率分布が右上の表で与えられ，その期待値が m であるとす
るとき，確率変数 $(X-m)^2$ の期待値 $E((X-m)^2)$ を，確率変数 X の **分散** と
いい，$V(X)$ で表す。

$$
\begin{aligned}
V(X)&=E((X-m)^2)\\
&=(x_1-m)^2p_1+(x_2-m)^2p_2+\cdots\cdots+(x_n-m)^2p_n\\
&=\sum_{k=1}^{n}(x_k-m)^2p_k
\end{aligned}
$$

5 分散と期待値

確率変数 X の分散について，次の関係が成り立つ。

$$V(X)=E(X^2)-\{E(X)\}^2 \qquad \leftarrow (X \text{の分散})=(X^2 \text{の期待値})-(X \text{の期待値})^2$$

6 確率変数の標準偏差

確率変数 X について，X の分散 $V(X)$ の正の平方根 $\sqrt{V(X)}$ を X の **標準偏
差** といい，$\sigma(X)$ で表す。

注意 $\sigma(X)$ の σ はギリシャ文字の小文字で「シグマ」と読む。

参考 標準偏差 $\sigma(X)$ は，X の分布の平均 m を中心として，X のとる値の散
らばる傾向の程度を表している。標準偏差 $\sigma(X)$ の値が小さいほど，X
のとる値は，平均 m の近くに集中する傾向にある。

7 $aX+b$ の分散と標準偏差

X を確率変数，a，b を定数とするとき

$$V(aX+b)=a^2V(X), \quad \sigma(aX+b)=|a|\sigma(X)$$

A 確率変数の期待値

練習 3
白玉 4 個と黒玉 2 個の入った袋から，2 個の玉を同時に取り出すとき，出る白玉の個数を X とする。X の期待値を求めよ。

指針 **確率変数の期待値** まず，X の各値に対応する確率を求め，確率分布の表を作る。次に，その表をもとに，(X の値)×(確率) の和を計算すればよい。

解答 X のとりうる値は，0，1，2 であり，X が各値をとる確率は

$$P(X=0)=\frac{{}_2C_2}{{}_6C_2}=\frac{1}{15}, \quad P(X=1)=\frac{{}_4C_1\times{}_2C_1}{{}_6C_2}=\frac{8}{15},$$

$$P(X=2)=\frac{{}_4C_2}{{}_6C_2}=\frac{6}{15}$$

よって，X の確率分布は右の表のようになる。
したがって，X の期待値 $E(X)$ は

$$E(X)=0\cdot\frac{1}{15}+1\cdot\frac{8}{15}+2\cdot\frac{6}{15}=\frac{4}{3} \quad 答$$

X	0	1	2	計
P	$\frac{1}{15}$	$\frac{8}{15}$	$\frac{6}{15}$	1

期待値は数学 A でも学習したね。

B $aX+b$ の期待値

練習 4
教科書の例 3 の確率変数 X に対して，次の確率変数の期待値を求めよ。

(1)　$X+2$　　　　(2)　$4X-1$　　　　(3)　$-3X$

指針 **$aX+b$ の期待値** $E(aX+b)=aE(X)+b$ を利用して，教科書 $p.53$ の例 2 で求めた $E(X)=\frac{7}{2}$ をもとにして計算する。

解答　　$E(X)=\frac{7}{2}$ より

(1)　$E(X+2)=E(X)+2=\frac{7}{2}+2=\dfrac{11}{2}$　答

(2)　$E(4X-1)=4E(X)-1=4\cdot\frac{7}{2}-1=13$　答

(3)　$E(-3X)=-3E(X)=-3\cdot\frac{7}{2}=-\dfrac{21}{2}$　答

教 p.54

深める

教科書の例 3 において，確率変数 $2X+1$ の確率分布を求めよう。その確率分布から期待値を求め，例 3 の結果と一致することを確かめてみよう。

指針 $aX+b$ **の期待値の計算** $2X+1$ のとりうる値とそれに対応する確率を組にして，確率分布の表を作る。

解答 $2X+1$ のとりうる値は

$$2\cdot1+1,\ 2\cdot2+1,\ 2\cdot3+1,\ 2\cdot4+1,\ 2\cdot5+1,\ 2\cdot6+1$$

すなわち　3, 5, 7, 9, 11, 13

また，X の確率分布は次の式で表される。

$$P(X=k)=\frac{1}{6}\quad(k=1,\ 2,\ \cdots\cdots,\ 6)$$

よって，$2X+1$ の確率分布は次の表のようになる。

$2X+1$	3	5	7	9	11	13	計
P	$\frac{1}{6}$	$\frac{1}{6}$	$\frac{1}{6}$	$\frac{1}{6}$	$\frac{1}{6}$	$\frac{1}{6}$	1

答

したがって，確率変数 $2X+1$ の期待値 $E(2X+1)$ は

$$E(2X+1)=(3+5+7+9+11+13)\cdot\frac{1}{6}=48\cdot\frac{1}{6}=8$$

これは，例 3 の結果と一致する。　終

C X^2 **の期待値**

教 p.55

練習 5

2 枚の硬貨を同時に投げて表が出る硬貨の枚数を X とするとき，X^2 の期待値を求めよ。

指針 X^2 **の期待値** 確率変数 X のとりうる値は 0，1，2 である。まず，X の確率分布を求める。

解答 表裏の出方は全部で　$2^2=4$(通り)

$X=0$ となるのは　　(裏，裏)

$X=1$ となるのは　　(表，裏)，(裏，表)

$X=2$ となるのは　　(表，表)

よって，X の確率分布は右の表のようになるから，X^2 の期待値は

X	0	1	2	計
P	$\frac{1}{4}$	$\frac{2}{4}$	$\frac{1}{4}$	1

$$E(X^2)=0^2\cdot\frac{1}{4}+1^2\cdot\frac{2}{4}+2^2\cdot\frac{1}{4}=\frac{3}{2}\quad$$ 答

D 確率変数の分散と標準偏差

練習
6

確率変数 X の確率分布が右の表で与えられるとき，X の分散を求めよ。

X	0	1	2	計
P	$\dfrac{1}{10}$	$\dfrac{6}{10}$	$\dfrac{3}{10}$	1

指針 **分散の定義による計算**　まず，期待値 $m=E(X)$ を求め，次に，

$V(X)=\displaystyle\sum_{k=1}^{n}(x_k-m)^2 p_k$ の定義式をもとにして，分散 $V(X)$ を計算する。

解答 X の期待値は

$$m=E(X)=0\cdot\frac{1}{10}+1\cdot\frac{6}{10}+2\cdot\frac{3}{10}=\frac{12}{10}=\frac{6}{5}$$

よって，X の分散は

$$V(X)=\left(0-\frac{6}{5}\right)^2\cdot\frac{1}{10}+\left(1-\frac{6}{5}\right)^2\cdot\frac{6}{10}+\left(2-\frac{6}{5}\right)^2\cdot\frac{3}{10}=\frac{90}{250}=\frac{9}{25} \quad 答$$

練習
7

白玉 2 個と黒玉 3 個の入った袋から，2 個の玉を同時に取り出すとき，出る白玉の個数を X とする。X の分散を求めよ。

指針 **分散と期待値**　まず，X の確率分布を求めて $E(X)$，$E(X^2)$ を計算する。次に，$V(X)=E(X^2)-\{E(X)\}^2$ を利用して，分散を計算する。

解答 X のとりうる値は，0，1，2 であり，X が各値をとる確率は

$$P(X=0)=\frac{{}_3C_2}{{}_5C_2}=\frac{3}{10}, \quad P(X=1)=\frac{{}_2C_1\times{}_3C_1}{{}_5C_2}=\frac{6}{10},$$

$$P(X=2)=\frac{{}_2C_2}{{}_5C_2}=\frac{1}{10}$$

よって，X の確率分布は右の表のようになる。

X	0	1	2	計
P	$\dfrac{3}{10}$	$\dfrac{6}{10}$	$\dfrac{1}{10}$	1

$$E(X)=0\cdot\frac{3}{10}+1\cdot\frac{6}{10}+2\cdot\frac{1}{10}=\frac{8}{10}=\frac{4}{5} \qquad \leftarrow\sum_{k=1}^{n}x_k p_k$$

$$E(X^2)=0^2\cdot\frac{3}{10}+1^2\cdot\frac{6}{10}+2^2\cdot\frac{1}{10}=\frac{10}{10}=1 \qquad \leftarrow\sum_{k=1}^{n}x_k{}^2 p_k$$

したがって，X の分散は

$$V(X)=E(X^2)-\{E(X)\}^2=1-\left(\frac{4}{5}\right)^2=\frac{9}{25} \quad 答$$

2
章

統計的な推測

教科書 *p.57〜58*

教 p.57

深める

教科書の例 6 について，X の分散を

$$V(X)=E((X-m)^2)=\sum_{k=1}^{n}(x_k-m)^2 p_k \text{ を用いて求め，例 6 の結果と一}$$

致することを確かめてみよう。

指針 **分散の定義式による計算** 分散の定義式を用いて，教科書の例 5 や練習 6 と同様に計算すればよい。

解答 X の確率分布は，次の式で表される。

$$P(X=k)=\frac{1}{6} \quad (k=1,\ 2,\ \cdots\cdots,\ 6)$$

$E(X)=\dfrac{7}{2}$ であるから

$$V(X)=\left(1-\frac{7}{2}\right)^2\cdot\frac{1}{6}+\left(2-\frac{7}{2}\right)^2\cdot\frac{1}{6}+\left(3-\frac{7}{2}\right)^2\cdot\frac{1}{6}$$

$$+\left(4-\frac{7}{2}\right)^2\cdot\frac{1}{6}+\left(5-\frac{7}{2}\right)^2\cdot\frac{1}{6}+\left(6-\frac{7}{2}\right)^2\cdot\frac{1}{6}$$

$$=\left(\frac{25}{4}+\frac{9}{4}+\frac{1}{4}+\frac{1}{4}+\frac{9}{4}+\frac{25}{4}\right)\cdot\frac{1}{6}=\frac{70}{4}\cdot\frac{1}{6}=\frac{35}{12}$$

これは，例 6 の結果と一致する。 終

教 p.58

練習 8

確率変数 X の確率分布が右の表で与えられるとき，次の値を求めよ。

(1) X の分散 (2) X の標準偏差

X	0	1	2	計
P	$\frac{3}{6}$	$\frac{2}{6}$	$\frac{1}{6}$	1

指針 **分散と標準偏差** まず，$E(X)$，$E(X^2)$ を計算し，$V(X)=E(X^2)-\{E(X)\}^2$，$\sigma(X)=\sqrt{V(X)}$ より，分散，標準偏差を求める。

解答 (1) $E(X)=0\cdot\dfrac{3}{6}+1\cdot\dfrac{2}{6}+2\cdot\dfrac{1}{6}=\dfrac{2}{3}$ ← $\sum\limits_{k=1}^{n}x_k p_k$

$E(X^2)=0^2\cdot\dfrac{3}{6}+1^2\cdot\dfrac{2}{6}+2^2\cdot\dfrac{1}{6}=1$ ← $\sum\limits_{k=1}^{n}x_k{}^2 p_k$

よって，X の分散は

$$V(X)=E(X^2)-\{E(X)\}^2=1-\left(\frac{2}{3}\right)^2=\frac{5}{9} \quad 答$$

(2) X の標準偏差は $\sigma(X)=\sqrt{V(X)}=\sqrt{\dfrac{5}{9}}=\dfrac{\sqrt{5}}{3} \quad$ 答

60 ● 第 2 章｜統計的な推測

E $aX+b$ の分散と標準偏差

練習 9　教科書の例 8 において，次の確率変数の期待値，分散，標準偏差を求めよ。

(1)　$X+4$　　　　(2)　$-2X$　　　　(3)　$3X-2$

指針 $aX+b$ **の期待値，分散，標準偏差**　X を確率変数，a, b を定数とするとき
$$E(aX+b)=aE(X)+b, \quad V(aX+b)=a^2V(X), \quad \sigma(aX+b)=|a|\sigma(X)$$

解答　教科書 *p.*59 の例 8 より，1 個のさいころを投げて出る目を X とすると
$$E(X)=\frac{7}{2}, \qquad V(X)=\frac{35}{12}, \qquad \sigma(X)=\frac{\sqrt{105}}{6}$$

(1)　$E(X+4)=E(X)+4=\dfrac{7}{2}+4=\dfrac{15}{2}$

　　　$V(X+4)=1^2 \cdot V(X)=\dfrac{35}{12}$

　　　$\sigma(X+4)=|1|\sigma(X)=\dfrac{\sqrt{105}}{6}$

答　期待値 $\dfrac{15}{2}$，分散 $\dfrac{35}{12}$，標準偏差 $\dfrac{\sqrt{105}}{6}$

(2)　$E(-2X)=-2E(X)=-2 \cdot \dfrac{7}{2}=-7$

　　　$V(-2X)=(-2)^2V(X)=(-2)^2 \cdot \dfrac{35}{12}=\dfrac{35}{3}$

　　　$\sigma(-2X)=|-2|\sigma(X)=2 \cdot \dfrac{\sqrt{105}}{6}=\dfrac{\sqrt{105}}{3}$

答　期待値 -7，分散 $\dfrac{35}{3}$，標準偏差 $\dfrac{\sqrt{105}}{3}$

(3)　$E(3X-2)=3E(X)-2=3 \cdot \dfrac{7}{2}-2=\dfrac{17}{2}$

　　　$V(3X-2)=3^2V(X)=3^2 \cdot \dfrac{35}{12}=\dfrac{105}{4}$

　　　$\sigma(3X-2)=|3|\sigma(X)=3 \cdot \dfrac{\sqrt{105}}{6}=\dfrac{\sqrt{105}}{2}$

答　期待値 $\dfrac{17}{2}$，分散 $\dfrac{105}{4}$，標準偏差 $\dfrac{\sqrt{105}}{2}$

3 確率変数の和と積

まとめ

1 確率変数の和の期待値

[1] 2つの確率変数 X, Yについて $E(X+Y)=E(X)+E(Y)$

[2] 3つ以上の確率変数の和の期待値についても，2つの場合と同様なことが成り立つ。たとえば，3つの確率変数 X, Y, Zについて，次のことが成り立つ。

$$E(X+Y+Z)=E(X)+E(Y)+E(Z)$$

2 $aX+bY$の期待値

X, Yを確率変数，a, bを定数とするとき

$$E(aX+bY)=aE(X)+bE(Y)$$

3 確率変数の積の期待値・和の分散

2つの確率変数 X, Yについて

$P(X=a, \ Y=b)=P(X=a)\cdot P(Y=b)$ が a, bのとり方に関係なく常に成り立つとき，確率変数 X, Yは互いに **独立** であるという。

2つの確率変数 X, Yが互いに独立であるとき，次のことが成り立つ。

$$E(XY)=E(X)E(Y) \qquad V(X+Y)=V(X)+V(Y)$$

4 3つ以上の確率変数の独立

3つ以上の確率変数の独立についても，2つの場合と同様に定義する。

たとえば，3つの確率変数 X, Y, Zについて

$P(X=a, \ Y=b, \ Z=c)=P(X=a)\cdot P(Y=b)\cdot P(Z=c)$ が a, b, cのとり方に関係なく常に成り立つとき，確率変数 X, Y, Zは互いに **独立** であるといい，2つの確率変数の場合と同様に次のことが成り立つ。

$$E(XYZ)=E(X)E(Y)E(Z)$$
$$V(X+Y+Z)=V(X)+V(Y)+V(Z)$$

A 確率変数の和の期待値

練習 10 教 p.61

確率変数 X, Yの確率分布が次の表で与えられているとき，$X+Y$ の期待値を求めよ。

X	1	3	5	計
P	$\frac{1}{3}$	$\frac{1}{3}$	$\frac{1}{3}$	1

Y	2	4	6	計
P	$\frac{1}{3}$	$\frac{1}{3}$	$\frac{1}{3}$	1

指針 **確率変数の和の期待値** $E(X)$, $E(Y)$ をそれぞれ求めることにより，和 $X+Y$ の期待値 $E(X+Y)$ は，$E(X+Y)=E(X)+E(Y)$ で求められる。

解答 X の期待値は $\qquad E(X)=1\cdot\dfrac{1}{3}+3\cdot\dfrac{1}{3}+5\cdot\dfrac{1}{3}=\dfrac{9}{3}=3$

Y の期待値は $\qquad E(Y)=2\cdot\dfrac{1}{3}+4\cdot\dfrac{1}{3}+6\cdot\dfrac{1}{3}=\dfrac{12}{3}=4$

よって，$X+Y$ の期待値は

$$E(X+Y)=E(X)+E(Y)=3+4=\boxed{7}$$

 深める

教科書の例 9 において，確率変数 $X+Y$ の確率分布を求めよう。その確率分布から期待値を求め，例 9 の結果と一致することを確かめてみよう。

指針 **確率変数の和の期待値の計算** $X+Y$ の確率分布については，教科書 $p.51$ の練習 2 の結果を利用するとよい。

解答 $X+Y$ は 2 個のさいころの目の和であり，教科書 $p.51$ の練習 2 より，その確率分布は次の表のようになる。

$X+Y$	2	3	4	5	6	7	8	9	10	11	12	計
P	$\dfrac{1}{36}$	$\dfrac{2}{36}$	$\dfrac{3}{36}$	$\dfrac{4}{36}$	$\dfrac{5}{36}$	$\dfrac{6}{36}$	$\dfrac{5}{36}$	$\dfrac{4}{36}$	$\dfrac{3}{36}$	$\dfrac{2}{36}$	$\dfrac{1}{36}$	1

答

よって，$X+Y$ の期待値は

$$E(X+Y)=2\cdot\dfrac{1}{36}+3\cdot\dfrac{2}{36}+4\cdot\dfrac{3}{36}+5\cdot\dfrac{4}{36}+6\cdot\dfrac{5}{36}+7\cdot\dfrac{6}{36}$$

$$+8\cdot\dfrac{5}{36}+9\cdot\dfrac{4}{36}+10\cdot\dfrac{3}{36}+11\cdot\dfrac{2}{36}+12\cdot\dfrac{1}{36}=\dfrac{252}{36}=7$$

これは，例 9 の結果と一致する。 終

練習 11

3 つの確率変数 X, Y, Z の確率分布が，いずれも右の表で与えられるとき，$X+Y+Z$ の期待値を求めよ。

変数	0	1	計
確率	$\dfrac{1}{2}$	$\dfrac{1}{2}$	1

指針 **3 つの確率変数の和の期待値** X, Y, Z の確率分布は同じであるから，その期待値 $E(X)$, $E(Y)$, $E(Z)$ も同じである。まず，その期待値を求め，$E(X+Y+Z)=E(X)+E(Y)+E(Z)$ を用いる。

解答 X, Y, Z の確率分布が同じであるから

$$E(X)=E(Y)=E(Z)=0\cdot\dfrac{1}{2}+1\cdot\dfrac{1}{2}=\dfrac{1}{2}$$

よって，$X+Y+Z$ の期待値は

$$E(X+Y+Z)=E(X)+E(Y)+E(Z)$$
$$=\frac{1}{2}+\frac{1}{2}+\frac{1}{2}=\frac{3}{2} \quad \text{答}$$

B $aX+bY$の期待値

教 p.62

練習
12

1個のさいころを2回投げて，1回目は出た目の10倍の点，2回目は出た目の5倍の点が得られるとき，得点の期待値を求めよ。

指針 **$aX+bY$の期待値** さいころを2回投げたとき，1回目に出る目をX，2回目に出る目をYとすると，得点は$10X+5Y$で表される。その期待値を，$E(aX+bY)=aE(X)+bE(Y)$を用いて計算する。

解答 1個のさいころを2回投げたとき，1回目に出た目をX，2回目に出た目をYとする。

X，Yの確率分布は，いずれも次の表のようになる。

目の数	1	2	3	4	5	6	計
確率	$\frac{1}{6}$	$\frac{1}{6}$	$\frac{1}{6}$	$\frac{1}{6}$	$\frac{1}{6}$	$\frac{1}{6}$	1

よって，X，Yの期待値は

$$E(X)=E(Y)$$
$$=1\cdot\frac{1}{6}+2\cdot\frac{1}{6}+3\cdot\frac{1}{6}+4\cdot\frac{1}{6}+5\cdot\frac{1}{6}+6\cdot\frac{1}{6}$$
$$=\frac{21}{6}=\frac{7}{2}$$

得点をZとすると，$Z=10X+5Y$であるから，Zの期待値は

$$E(Z)=E(10X+5Y)=10E(X)+5E(Y)$$
$$=10\cdot\frac{7}{2}+5\cdot\frac{7}{2}=\frac{105}{2} \quad \text{答}$$

C 独立な2つの確率変数の積の期待値

教 p.64

練習
13

2つの確率変数X，Yが互いに独立で，それぞれの確率分布が右の表で与えられるとき，XYの期待値を求めよ。

X	1	3	計
P	$\frac{2}{3}$	$\frac{1}{3}$	1

Y	2	4	計
P	$\frac{4}{5}$	$\frac{1}{5}$	1

指針 **独立な確率変数の積の期待値** X，Yは互いに独立であるから，まず，$E(X)$，$E(Y)$を求め，$E(XY)=E(X)E(Y)$を用いればよい。

解答 $E(X)$, $E(Y)$ をそれぞれ計算すると

$$E(X) = 1 \cdot \frac{2}{3} + 3 \cdot \frac{1}{3} = \frac{5}{3}$$

$$E(Y) = 2 \cdot \frac{4}{5} + 4 \cdot \frac{1}{5} = \frac{12}{5}$$

X, Y が互いに独立
であることは必ず
述べておくこと。

X, Y は互いに独立であるから，XY の期待値は

$$E(XY) = E(X)E(Y) = \frac{5}{3} \cdot \frac{12}{5} = 4 \quad 答$$

D 独立な 2 つの確率変数の和の分散

練習 14 教 p.65

教科書の練習 13 の確率変数 X, Y について，次の値を求めよ。

(1) $X+Y$ の分散　　　　(2) $X+Y$ の標準偏差

指針 **独立な確率変数の和の分散と標準偏差**

(1) X, Y は互いに独立であるから，まず，$V(X)$, $V(Y)$ を求め，
$V(X+Y) = V(X) + V(Y)$ を用いればよい。$V(X)$ は，$E(X^2) - \{E(X)\}^2$ を
利用して求めるとよい。

(2) $\sigma(X+Y) = \sqrt{V(X+Y)}$ である。

解答 (1) $E(X) = \frac{5}{3}$, $E(Y) = \frac{12}{5}$

また　　$E(X^2) = 1^2 \cdot \frac{2}{3} + 3^2 \cdot \frac{1}{3} = \frac{11}{3}$,　$E(Y^2) = 2^2 \cdot \frac{4}{5} + 4^2 \cdot \frac{1}{5} = \frac{32}{5}$

よって　　$V(X) = E(X^2) - \{E(X)\}^2 = \frac{11}{3} - \left(\frac{5}{3}\right)^2 = \frac{8}{9}$

$$V(Y) = E(Y^2) - \{E(Y)\}^2 = \frac{32}{5} - \left(\frac{12}{5}\right)^2 = \frac{16}{25}$$

X, Y は互いに独立であるから，$X+Y$ の分散は

$$V(X+Y) = V(X) + V(Y) = \frac{8}{9} + \frac{16}{25} = \frac{344}{225} \quad 答$$

(2) $X+Y$ の標準偏差は

$$\sigma(X+Y) = \sqrt{V(X+Y)} = \sqrt{\frac{344}{225}} = \frac{2\sqrt{86}}{15} \quad 答$$

E 3 つ以上の確率変数の独立

練習 15 教 p.65

大中小 3 個のさいころを投げるとき，次の値を求めよ。

(1) 出る目の積の期待値　　　　(2) 出る目の和の分散

指針 **3つの確率変数の積の期待値・和の分散** 3個のさいころの出る目の数をそれぞれ X, Y, Z とすると，X, Y, Z は互いに独立であるから

$$E(XYZ) = E(X)E(Y)E(Z),$$
$$V(X+Y+Z) = V(X) + V(Y) + V(Z)$$

解答 大中小3個のさいころの出る目の数をそれぞれ X, Y, Z とする。

それぞれのさいころを投げるという試行は独立であるから，その結果によって定まる確率変数 X, Y, Z は互いに独立である。

X, Y, Z の確率分布はいずれも表のようになる。

目の数	1	2	3	4	5	6	計
確率	$\dfrac{1}{6}$	$\dfrac{1}{6}$	$\dfrac{1}{6}$	$\dfrac{1}{6}$	$\dfrac{1}{6}$	$\dfrac{1}{6}$	1

$$E(X) = E(Y) = E(Z)$$
$$= \sum_{k=1}^{6}\left(k \cdot \frac{1}{6}\right) = \frac{1}{6}\sum_{k=1}^{6}k = \frac{1}{6} \times \frac{1}{2} \cdot 6 \cdot 7 = \frac{7}{2}$$

$$E(X^2) = E(Y^2) = E(Z^2)$$
$$= \sum_{k=1}^{6}\left(k^2 \cdot \frac{1}{6}\right) = \frac{1}{6}\sum_{k=1}^{6}k^2 = \frac{1}{6} \times \frac{1}{6} \cdot 6 \cdot 7 \cdot 13 = \frac{91}{6}$$

$$V(X) = E(X^2) - \{E(X)\}^2 = \frac{91}{6} - \left(\frac{7}{2}\right)^2 = \frac{35}{12}$$

よって $V(Y) = V(Z) = \dfrac{35}{12}$

(1) X, Y, Z は互いに独立であるから，積 XYZ の期待値は

$$E(XYZ) = E(X)E(Y)E(Z)$$
$$= \left(\frac{7}{2}\right)^3 = \frac{343}{8} \quad \boxed{答}$$

(2) X, Y, Z は互いに独立であるから，和 $X+Y+Z$ の分散は

$$V(X+Y+Z) = V(X) + V(Y) + V(Z)$$
$$= \frac{35}{12} \cdot 3 = \frac{35}{4} \quad \boxed{答}$$

2 章

統計的な推測

4 二項分布

1 反復試行の確率

1回の試行で事象 A の起こる確率を p とする。この試行を n 回行う反復試行において，A がちょうど r 回起こる確率は

$$_n\mathrm{C}_r p^r q^{n-r} \quad \text{ただし，} q=1-p$$

2 二項分布

1回の試行で事象 A の起こる確率を p とする。この試行を n 回行う反復試行において，事象 A の起こる回数を X とすると，X は確率変数で，その確率分布は次の表のようになる。ただし，$q=1-p$

X	0	1	……	r	……	n	計
P	$_n\mathrm{C}_0 q^n$	$_n\mathrm{C}_1 pq^{n-1}$	……	$_n\mathrm{C}_r p^r q^{n-r}$	……	$_n\mathrm{C}_n p^n$	1

この表で与えられる確率分布を **二項分布** といい，$B(n,\ p)$ で表す。また，確率変数 X は二項分布 $B(n,\ p)$ に従うという。

3 二項分布に従う確率変数の期待値，分散，標準偏差

確率変数 X が二項分布 $B(n,\ p)$ に従うとき

期待値は $\quad E(X)=np$

分散は $\quad V(X)=npq \qquad$ ただし，$q=1-p$

標準偏差は $\quad \sigma(X)=\sqrt{npq}$

A 二項分布

教 p.67

練習 16 1個のさいころを5回投げて，2以下の目が出る回数を X とする。X はどのような二項分布に従うか。また，次の確率を求めよ。

(1) $P(X=2)$ (2) $P(X=5)$ (3) $P(2 \leqq X \leqq 4)$

指針 **二項分布と反復試行の確率** 反復試行を5回行うから，X は二項分布 $B(5,\ p)$ に従い，p はさいころを1回投げたときに2以下の目が出る確率である。また，(1)～(3)は，$P(X=r)=_5\mathrm{C}_r p^r q^{5-r}$（ただし，$q=1-p$）を用いて求める。

解答 さいころを投げる試行を5回行い，

1回の試行で2以下の目が出る確率は $\dfrac{2}{6}=\dfrac{1}{3}$

したがって，X は **二項分布** $B\left(5,\ \dfrac{1}{3}\right)$ に従う。 答

また，2以下の目がちょうど r 回出る確率は

$$P(X=r)={}_5C_r\left(\frac{1}{3}\right)^r\left(1-\frac{1}{3}\right)^{5-r}={}_5C_r\left(\frac{1}{3}\right)^r\left(\frac{2}{3}\right)^{5-r}$$

(1) $P(X=2)={}_5C_2\left(\frac{1}{3}\right)^2\left(\frac{2}{3}\right)^3=10\cdot\frac{8}{243}=\dfrac{80}{243}$ 答

(2) $P(X=5)={}_5C_5\left(\frac{1}{3}\right)^5=1\cdot\frac{1}{243}=\dfrac{1}{243}$ 答

(3) $P(2\leqq X\leqq4)=P(X=2)+P(X=3)+P(X=4)$
$$=\frac{80}{243}+{}_5C_3\left(\frac{1}{3}\right)^3\left(\frac{2}{3}\right)^2+{}_5C_4\left(\frac{1}{3}\right)^4\left(\frac{2}{3}\right)^1$$
$$=\frac{80}{243}+\frac{40}{243}+\frac{10}{243}=\dfrac{130}{243}$$ 答

反復試行の確率は数学 A で学習したね。

B 二項分布に従う確率変数の期待値と分散

練習 17 教 p.68

確率変数 X が二項分布 $B\left(9,\ \dfrac{2}{3}\right)$ に従うとき，X の期待値，分散および標準偏差を求めよ。

指針 **二項分布と期待値，分散，標準偏差** X が二項分布 $B(n,\ p)$ に従うとき

期待値は $E(X)=np$
分散は $V(X)=np(1-p)$ 標準偏差は $\sigma(X)=\sqrt{V(X)}$

解答 確率変数 X は二項分布 $B\left(9,\ \dfrac{2}{3}\right)$ に従うから

X の期待値は $E(X)=9\cdot\dfrac{2}{3}=6$

X の分散は $V(X)=9\cdot\dfrac{2}{3}\cdot\left(1-\dfrac{2}{3}\right)=2$

X の標準偏差は $\sigma(X)=\sqrt{V(X)}=\sqrt{2}$

答 期待値 6，分散 2，標準偏差 $\sqrt{2}$

練習 18 教 p.68

1 個のさいころを 100 回投げて，偶数の目が出る回数を X とする。X の期待値と分散および標準偏差を求めよ。

指針 **二項分布と期待値，分散，標準偏差** X は二項分布 $B(n,\ p)$ に従う。n と p の値を求めて，$E(X)=np$，$V(X)=np(1-p)$，$\sigma(X)=\sqrt{V(X)}$ を計算する。

解答 1 個のさいころを 1 回投げて偶数の目が出る確率 p は $p=\dfrac{3}{6}=\dfrac{1}{2}$

よって，X は二項分布 $B\left(100,\ \dfrac{1}{2}\right)$ に従うから

X の期待値は　　$E(X)=100\cdot\dfrac{1}{2}=50$

X の分散は　　$V(X)=100\cdot\dfrac{1}{2}\cdot\left(1-\dfrac{1}{2}\right)=25$

X の標準偏差は　$\sigma(X)=\sqrt{V(X)}=\sqrt{25}=5$

答　期待値 50，分散 25，標準偏差 5

教 p.68

深める

二項分布 $B\left(3,\ \dfrac{1}{3}\right)$ に従う確率変数 X の期待値と分散について，確率分布から求めた値と公式から求めた値が一致することを確かめてみよう。

指針　**二項分布に従う確率変数の期待値と分散**　確率分布を求め，定義に従って，$E(X)$，$V(X)$ を計算する。$V(X)$ の計算では，$V(X)=E(X^2)-\{E(X)\}^2$ を用いるとよい。

解答　$P(X=r)={}_3C_r\left(\dfrac{1}{3}\right)^r\left(\dfrac{2}{3}\right)^{3-r}$　$(r=0,\ 1,\ 2,\ 3)$ であるから

$P(X=0)={}_3C_0\left(\dfrac{1}{3}\right)^0\left(\dfrac{2}{3}\right)^3=\dfrac{8}{27}$

$P(X=1)={}_3C_1\left(\dfrac{1}{3}\right)^1\left(\dfrac{2}{3}\right)^2=\dfrac{12}{27}$

$P(X=2)={}_3C_2\left(\dfrac{1}{3}\right)^2\left(\dfrac{2}{3}\right)^1=\dfrac{6}{27}$

$P(X=3)={}_3C_3\left(\dfrac{1}{3}\right)^3\left(\dfrac{2}{3}\right)^0=\dfrac{1}{27}$

よって，X の確率分布は右の表のようになる。
X の期待値は

X	0	1	2	3	計
P	$\dfrac{8}{27}$	$\dfrac{12}{27}$	$\dfrac{6}{27}$	$\dfrac{1}{27}$	1

$E(X)=0\cdot\dfrac{8}{27}+1\cdot\dfrac{12}{27}+2\cdot\dfrac{6}{27}+3\cdot\dfrac{1}{27}$

$=1$

X^2 の期待値は　　$E(X^2)=0^2\cdot\dfrac{8}{27}+1^2\cdot\dfrac{12}{27}+2^2\cdot\dfrac{6}{27}+3^2\cdot\dfrac{1}{27}=\dfrac{45}{27}=\dfrac{5}{3}$

よって，X の分散は　　$E(X^2)-\{E(X)\}^2=\dfrac{5}{3}-1^2=\dfrac{2}{3}$

また，公式を用いると，X の期待値と分散は

$E(X)=3\cdot\dfrac{1}{3}=1$　　$V(X)=3\cdot\dfrac{1}{3}\cdot\left(1-\dfrac{1}{3}\right)=\dfrac{2}{3}$

以上から，確率分布から求めた値と公式から求めた値は一致する。　終

5 正規分布

1 確率密度関数と分布曲線

連続した値をとる確率変数 X を 連続型確率
変数 という。連続型確率変数 X の確率分布
を考える場合は，X に1つの曲線 $y=f(x)$ を
対応させ，確率 $P(a \leqq X \leqq b)$ が図の斜線部分
の面積で表されるようにする。

この曲線 $y=f(x)$ を，X の 分布曲線 といい，
関数 $f(x)$ を 確率密度関数 という。

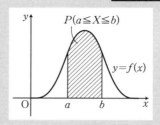

2 確率密度関数の性質

確率密度関数 $f(x)$ は，次のような性質をもつ。

1 常に $f(x) \geqq 0$

2 確率 $P(a \leqq X \leqq b)$ は，曲線 $y=f(x)$ と x 軸，2直線 $x=a$，$x=b$ で囲まれ
た部分の面積に等しい。

すなわち $P(a \leqq X \leqq b) = \int_a^b f(x)dx$

3 X のとる値の範囲が $\alpha \leqq X \leqq \beta$ のとき $\int_\alpha^\beta f(x)\,dx = 1$

3 正規分布

m を実数，σ を正の実数とする。このとき，関数
$f(x) = \dfrac{1}{\sqrt{2\pi}\,\sigma} e^{-\frac{(x-m)^2}{2\sigma^2}}$ を確率密度関数とするような
連続型確率変数 X は 正規分布 $N(m, \sigma^2)$ に従う
という。ここで e は無理数の定数で，$e = 2.71828\cdots$
である。曲線 $y=f(x)$ を 正規分布曲線 という。

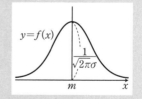

4 正規分布に従う確率変数の期待値，標準偏差

確率変数 X が正規分布 $N(m, \sigma^2)$ に従うとき

期待値は $E(X) = m$

標準偏差は $\sigma(X) = \sigma$

5 正規分布曲線の性質

確率変数 X が正規分布 $N(m, \sigma^2)$ に従うとき，
X の分布曲線 $y=f(x)$ は，次のような性質を
もつ。

1 直線 $x=m$ に関して対称であり，y は
$x=m$ で最大値をとる。

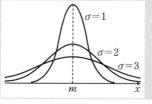

2 の x 軸を漸近線とし，x 軸と分布曲線の間の面積は1である。

3 の 標準偏差 σ が大きくなると曲線の山は低くなって横に広がる。

σ が小さくなると曲線の山は高くなって，直線 $x=m$ の周りに集まる。

6 正規分布と標準正規分布

確率変数 X が正規分布 $N(m, \sigma^2)$ に従うとき，$Z=\dfrac{X-m}{\sigma}$ とおくと，確率変数 Z は正規分布 $N(0, 1)$ に従い，Z の期待値は0，標準偏差は1である。正規分布 $N(0, 1)$ を **標準正規分布** という。

補足 Z の確率密度関数は，$f(z)=\dfrac{1}{\sqrt{2\pi}}e^{-\frac{z^2}{2}}$ となる。

7 標準正規分布と正規分布表

標準正規分布 $N(0, 1)$ に従う確率変数 Z に対し，確率 $P(0 \leqq Z \leqq u)$ を $p(u)$ で表す。$p(u)$ は右の図の斜線部分の面積に等しく，正規分布表には，いろいろな u の値に対する $p(u)$ の値が示されている。

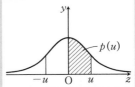

$N(0, 1)$ に従う確率変数
Z の分布曲線 $\left(y=\dfrac{1}{\sqrt{2\pi}}e^{-\frac{z^2}{2}}\right)$

正規分布表を用いて確率を求める際には，とくに次のことが成り立つことに注意する。

$$P(-u \leqq Z \leqq 0) = P(0 \leqq Z \leqq u)$$
$$= p(u) \qquad (u>0)$$
$$P(Z \leqq 0) = P(Z \geqq 0) = 0.5$$

8 正規分布の応用

確率変数 X が正規分布 $N(m, \sigma^2)$ に従うときは，$Z=\dfrac{X-m}{\sigma}$ とおき，X についての条件を標準正規分布 $N(0, 1)$ に従う確率変数 Z の条件に帰着させることにより，正規分布表を用いて確率を求めることができる。

9 二項分布の正規分布による近似

一般に，次のことが成り立つ。ただし，いずれの場合も $q=1-p$ とする。

1 の 二項分布 $B(n, p)$ に従う確率変数 X は，n が大きいとき，近似的に正規分布 $N(np, npq)$ に従う。

2 の 二項分布 $B(n, p)$ に従う確率変数 X に対し，$Z=\dfrac{X-np}{\sqrt{npq}}$ は，n が大きいとき，近似的に標準正規分布 $N(0, 1)$ に従う。

A 連続した値をとる確率変数

練習 19 教 p.72

確率変数 X の確率密度関数 $f(x)$ が次の式で与えられるとき，指定された確率をそれぞれ求めよ。

(1) $f(x)=x$ $(0 \leqq x \leqq \sqrt{2})$ $0 \leqq X \leqq 0.5$ である確率

(2) $f(x)=0.5x$ $(0 \leqq x \leqq 2)$ $1 \leqq X \leqq 2$ である確率

指針 **確率密度関数**

(1) 直線 $y=x$ と x 軸，直線 $x=0.5$ が囲む部分の面積に等しい。

(2) 直線 $y=0.5x$ と x 軸，2 直線 $x=1$，$x=2$ が囲む部分の面積に等しい。

解答 (1) 下の図 1 より $P(0 \leqq X \leqq 0.5)=\dfrac{1}{2} \times 0.5 \times 0.5=$**0.125** 答

(2) 下の図 2 より $P(1 \leqq X \leqq 2)=1-\dfrac{1}{2} \times 1 \times 0.5$ ←(全体)-(小さい三角形)

$$=1-0.25=\textbf{0.75}\quad 答$$

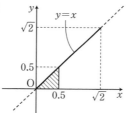

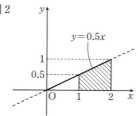

注意 図 1 の 1 辺が $\sqrt{2}$ の直角二等辺三角形，図 2 の底辺が 2，高さ 1 の直角三角形について，面積はどちらも 1 になっていることに注意する。

別解 (1) $P(0 \leqq X \leqq 0.5)=\displaystyle\int_0^{0.5} x\,dx=\left[\dfrac{x^2}{2}\right]_0^{0.5}=$**0.125** 答

(2) $P(1 \leqq X \leqq 2)=\displaystyle\int_1^2 0.5x\,dx=0.5\int_1^2 x\,dx=0.5\left[\dfrac{x^2}{2}\right]_1^2=0.5\left(\dfrac{2^2}{2}-\dfrac{1^2}{2}\right)=$**0.75** 答

B 正規分布 C 標準正規分布

練習 20 教 p.74

正規分布 $N(m,\ \sigma^2)$ に従う確率変数 X について，$Z=\dfrac{X-2}{3}$ が標準正規分布 $N(0,\ 1)$ に従うとき，$m,\ \sigma$ の値を求めよ。

指針 **正規分布と標準正規分布** X が正規分布 $N(m,\ \sigma^2)$ に従うとき，

$Z=\dfrac{X-m}{\sigma}$ とおくと，Z は標準正規分布 $N(0,\ 1)$ に従う。このことから m，σ の値を求める。

解答 $m=2,\ \sigma=3$ 答

練習 21 教 p.75

確率変数 Z が標準正規分布 $N(0, 1)$ に従うとき，次の確率を求めよ。

(1) $P(-2 \leqq Z \leqq 2)$　　　　(2) $P(1 \leqq Z \leqq 2)$

指針 **標準正規分布と正規分布表**　まず，求める確率を $P(0 \leqq Z \leqq a)$ の形の和や差で表し，次に，正規分布表を用いて必要な値を求める。

解答 (1) $P(-2 \leqq Z \leqq 2) = P(-2 \leqq Z \leqq 0) + P(0 \leqq Z \leqq 2) = P(0 \leqq Z \leqq 2) + P(0 \leqq Z \leqq 2)$
$= 2P(0 \leqq Z \leqq 2) = 2p(2) = 2 \times 0.4772 = \textbf{0.9544}$　答

(2) $P(1 \leqq Z \leqq 2) = P(0 \leqq Z \leqq 2) - P(0 \leqq Z \leqq 1)$
$= p(2) - p(1) = 0.4772 - 0.3413 = \textbf{0.1359}$　答

練習 22 教 p.76

確率変数 X が正規分布 $N(2, 5^2)$ に従うとき，次の確率を求めよ。

(1) $P(2 \leqq X \leqq 12)$　　　　(2) $P(0 \leqq X \leqq 5)$

指針 **一般の正規分布と正規分布表**　確率変数 X が正規分布 $N(m, \sigma^2)$ に従うとき，確率 $P(a \leqq X \leqq b)$ を求めるには，次のようにする。

[1] $Z = \dfrac{X-m}{\sigma}$ とおくと，Z は標準正規分布 $N(0, 1)$ に従う。

ここで，$X=a, b$ のときの Z の値をそれぞれ α, β とすれば，

$\alpha = \dfrac{a-m}{\sigma}, \beta = \dfrac{b-m}{\sigma}$ であり，

$P(a \leqq X \leqq b) = P(\alpha \leqq Z \leqq \beta)$ が成り立つ。

[2] Z は標準正規分布 $N(0, 1)$ に従うから，正規分布表を用いて $P(\alpha \leqq Z \leqq \beta)$，すなわち，$P(a \leqq X \leqq b)$ を求めることができる。

解答 $Z = \dfrac{X-2}{5}$ とおくと，Z は標準正規分布 $N(0, 1)$ に従う。

(1) $X=2$ のとき $Z = \dfrac{2-2}{5} = 0$，　$X=12$ のとき $Z = \dfrac{12-2}{5} = 2$

よって　$P(2 \leqq X \leqq 12) = P(0 \leqq Z \leqq 2) = p(2) = \textbf{0.4772}$　答

(2) $X=0$ のとき $Z = \dfrac{0-2}{5} = -0.4$，　$X=5$ のとき $Z = \dfrac{5-2}{5} = 0.6$

よって　$P(0 \leqq X \leqq 5) = P(-0.4 \leqq Z \leqq 0.6)$
$= P(-0.4 \leqq Z \leqq 0) + P(0 \leqq Z \leqq 0.6)$
$= P(0 \leqq Z \leqq 0.4) + P(0 \leqq Z \leqq 0.6) = p(0.4) + p(0.6)$
$= 0.1554 + 0.2257 = \textbf{0.3811}$　答

D 正規分布の応用

> **練習 23**
>
> 教科書の応用例題2の県における高校2年生の男子を考えるとき，次の問いに答えよ。ただし，小数第2位を四捨五入して小数第1位まで求めよ。
>
> (1) 身長 180 cm 以上の人は，約何％いるか。
>
> (2) 高い方から3％以内の位置にいる人の身長は何 cm 以上か。
>
> (3) 身長が 165 cm 以上 170 cm 以下の人は，約何％いるか。

指針 **正規分布の応用** 身長 Xcm に対して，(1)は $P(X \geqq 180)$，(2)は $P(X \geqq a) = 0.03$ となる a の値，(3)は $P(165 \leqq X \leqq 170)$ をそれぞれ求める。$Z = \dfrac{X - 170.5}{5.4}$ とおいて，標準正規分布 $N(0,\ 1)$ に従う確率変数 Z に変換して，正規分布表を利用して考える。

解答 身長を Xcm とする。確率変数 X が正規分布 $N(170.5,\ 5.4^2)$ に従うとき，

$Z = \dfrac{X - 170.5}{5.4}$ は標準正規分布 $N(0,\ 1)$ に従う。

(1) $X = 180$ のとき

$Z = \dfrac{180 - 170.5}{5.4} \fallingdotseq 1.76$ であるから

$P(X \geqq 180) = P(Z \geqq 1.76)$

$\qquad\qquad = 0.5 - P(0 \leqq Z \leqq 1.76) = 0.5 - p(1.76) = 0.5 - 0.4608 = 0.0392$

よって，**約 3.9 ％** いる。　圏

(2) 高い方から3％以内の位置にいる

人の身長を $a$cm 以上とし，

$u = \dfrac{a - 170.5}{5.4}$ とすると

$P(Z \geqq u) = P(X \geqq a) = 0.03$

よって　　$0.5 - P(0 \leqq Z \leqq u) = 0.03$

すなわち，$0.5 - p(u) = 0.03$ より　　$p(u) = 0.47$

正規分布表より　　$u \fallingdotseq 1.88$

$\dfrac{a - 170.5}{5.4} \fallingdotseq 1.88$ より　　$a \fallingdotseq 1.88 \times 5.4 + 170.5 = 180.652$

したがって　　**180.7 cm 以上**　圏

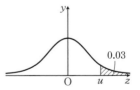

(3)　$X=165$ のとき
$$Z=\frac{165-170.5}{5.4}≒-1.02$$
$X=170$ のとき
$$Z=\frac{170-170.5}{5.4}≒-0.09$$

よって　$P(165\leqq X\leqq170)$
$$=P(-1.02\leqq Z\leqq-0.09)=P(0.09\leqq Z\leqq1.02)$$
$$=P(0\leqq Z\leqq1.02)-P(0\leqq Z\leqq0.09)$$
$$=p(1.02)-p(0.09)=0.3461-0.0359=0.3102$$

したがって，約 **31.0 %** いる。　答

E 二項分布の正規分布による近似

練習 24　1個のさいころを 180 回投げて，1 の目が出る回数を X とするとき，$20\leqq X\leqq45$ となる確率を，教科書の例題 4 にならって求めよ。

指針　**二項分布の正規分布による近似**　X が二項分布 $B(n,\ p)$ に従い，n が大きいとき，$m=np$，$\sigma^2=np(1-p)$ で，X は近似的に正規分布 $N(m,\ \sigma^2)$ に従う。よって，$Z=\dfrac{X-m}{\sigma}$ とおけば，Z は標準正規分布 $N(0,\ 1)$ に従うとみなせるから，X に関する条件を Z に関する条件に変換して確率を求めることができる。

解答　1 の目が出る確率は $\dfrac{1}{6}$ で，X は二項分布 $B\left(180,\ \dfrac{1}{6}\right)$ に従う。

X の期待値 m と標準偏差 σ は
$$m=180\cdot\frac{1}{6}=30,\quad \sigma=\sqrt{180\cdot\frac{1}{6}\cdot\frac{5}{6}}=5$$

よって，$Z=\dfrac{X-30}{5}$ は近似的に標準正規分布 $N(0,\ 1)$ に従う。

$X=20$ のとき　$Z=\dfrac{20-30}{5}=-2$

$X=45$ のとき　$Z=\dfrac{45-30}{5}=3$

であるから，求める確率は
$$P(20\leqq X\leqq45)=P(-2\leqq Z\leqq3)=P(-2\leqq Z\leqq0)+P(0\leqq Z\leqq3)$$
$$=P(0\leqq Z\leqq2)+P(0\leqq Z\leqq3)=p(2)+p(3)$$
$$=0.4772+0.49865=\mathbf{0.97585}　答$$

第2章 第1節 補充問題

教 p.80

1 　ある製品を作っている工場で不良品ができる確率は 0.01 であるという。この製品 1000 個の中の不良品の個数を X とするとき，X の期待値と分散および標準偏差を求めよ。

指針 **二項分布の期待値，分散の応用**　不良品の個数 X を，製品を 1 個取り出すという試行を 1000 回繰り返したときに，不良品を取り出す回数として考える。このとき，X は二項分布に従う。確率変数 X が二項分布 $B(n, p)$ に従うとき，$E(X)=np$，$V(X)=np(1-p)$ であることを用いる。

解答　製品を 1 個取り出すという試行で，不良品を取り出すという事象を A とすると，A の起こる確率は $0.01=\dfrac{1}{100}$ である。

　製品 1000 個の中の不良品の個数 X は，この試行を 1000 回繰り返す反復試行において，A が起こる回数と考えられるので，X は二項分布 $B\left(1000, \dfrac{1}{100}\right)$ に従う。

X の期待値は　　　$E(X)=1000 \cdot \dfrac{1}{100}=10$

X の分散は　　　　$V(X)=1000 \cdot \dfrac{1}{100} \cdot \left(1-\dfrac{1}{100}\right)=1000 \cdot \dfrac{1}{100} \cdot \dfrac{99}{100}=\dfrac{99}{10}$

X の標準偏差は　　$\sigma(X)=\sqrt{V(X)}=\sqrt{\dfrac{99}{10}}=\dfrac{3\sqrt{110}}{10}$

　　　　　　　　図　期待値 10，分散 $\dfrac{99}{10}$，標準偏差 $\dfrac{3\sqrt{110}}{10}$

教 p.80

2 　1 枚の硬貨を 400 回投げるとき，表の出る回数 X が $\left|\dfrac{X}{400}-\dfrac{1}{2}\right| \leqq 0.05$ の範囲にある確率を，正規分布表を用いて求めよ。

指針 **二項分布の正規分布による近似**　n が大きいとき，二項分布 $B(n, p)$ に従う確率変数 X の期待値 m，標準偏差 σ は，$m=np$，$\sigma=\sqrt{np(1-p)}$ であり，$Z=\dfrac{X-m}{\sigma}$ は近似的に標準正規分布 $N(0, 1)$ に従う。

解答　1 枚の硬貨を 1 回投げて表の出る確率は $\dfrac{1}{2}$ であるから，X は二項分布 $B\left(400, \dfrac{1}{2}\right)$ に従う。

X の期待値は $\qquad m=400\cdot\dfrac{1}{2}=200$

X の標準偏差は $\qquad \sigma=\sqrt{400\cdot\dfrac{1}{2}\cdot\left(1-\dfrac{1}{2}\right)}=10$

よって，$Z=\dfrac{X-200}{10}$ は近似的に標準正規分布 $N(0,\ 1)$ に従う。

ここで $\qquad \dfrac{X}{400}-\dfrac{1}{2}=\dfrac{10Z+200}{400}-\dfrac{1}{2}=\dfrac{Z}{40}$ $\qquad\qquad \leftarrow X=10Z+200$

したがって

$$P\left(\left|\dfrac{X}{400}-\dfrac{1}{2}\right|\leqq 0.05\right)=P\left(\dfrac{|Z|}{40}\leqq 0.05\right)=P(|Z|\leqq 2)$$
$$=P(-2\leqq Z\leqq 2)=2P(0\leqq Z\leqq 2)=2p(2)$$
$$=2\times 0.4772=\mathbf{0.9544}\quad \text{答}$$

コラム 偏差値

教 p.80

試験の成績を「偏差値」という数値で表すことがあります。試験の得点 X の平均値を m，標準偏差を σ とすると，偏差値は次の式で計算されます。

$$(\text{偏差値})=10\times\dfrac{X-m}{\sigma}+50$$

たとえば，ある地域の高校 2 年生を対象に国語と数学の試験を行い，右の表のような結果が得られたとします。A さん

	国語	数学
平均値	55	64
標準偏差	10	20

の得点が国語 65 点，数学 76 点であったとき，A さんの国語と数学の得点について，相対的な順位が高いのはどちらであると考えられるでしょうか。また，$\dfrac{X-m}{\sigma}$ が標準正規分布に従うことを利用して，受験者全体のうち偏差値 70 以上の人は約何 % いるかを考えてみましょう。

指針 **偏差値を用いたいろいろな考察**

前半…定義式にしたがって各科目の偏差値を計算する。偏差値が大きいほど相対的な順位は高くなる。

後半…偏差値を T とし，$Z=\dfrac{X-m}{\sigma}$ とおけば，$T=10Z+50$ となる。これを用いて T の条件 $(T\geqq 70)$ を Z の条件に変換し，正規分布表を用いて確

　　　率を求める。

解答 国語の得点を X 点とすると，偏差値を表す式は

$$10 \times \frac{X-55}{10} + 50 = X - 5$$

よって，$X=65$ のときの国語の偏差値は　　$65-5=60$

数学の得点を Y 点とすると，偏差値を表す式は

$$10 \times \frac{Y-64}{20} + 50 = \frac{Y+36}{2}$$

よって，$Y=76$ のときの数学の偏差値は　　$\dfrac{76+36}{2}=56$

したがって，相対的な順位が高いのは **国語** であると考えられる。　答

偏差値を T とし，$Z=\dfrac{X-m}{\sigma}$ とおくと，$T=10Z+50$ より，$Z=\dfrac{T-50}{10}$ となる。

$T=70$ のとき，$Z=\dfrac{70-50}{10}=2$ であり，Z は標準正規分布 $N(0,\ 1)$ に従うから

$$P(T \geqq 70) = P(Z \geqq 2) = 0.5 - P(0 \leqq Z \leqq 2)$$
$$= 0.5 - p(2) = 0.5 - 0.4772 = 0.0228$$

よって，偏差値 70 以上の人は **約 2.3 %** いる。　答

第2節 統計的な推測

6 母集団と標本

まとめ

1 全数調査と標本調査

統計的な調査には，対象全体からデータを集めて調べる **全数調査** という方法と，対象全体からその一部を抜き出して調べる **標本調査** という方法がある。標本調査の場合，調査の対象全体を **母集団**，母集団に属する個々の対象を **個体**，個体の総数を **母集団の大きさ** という。また，調査のために母集団から抜き出された個体の集合を **標本** といい，母集団から標本を抜き出すことを **抽出** という。標本に属する個体の総数を **標本の大きさ** という。

2 無作為抽出

標本調査の目的は，抽出された標本から母集団のもつ性質を正しく推測することにあり，標本が偏りなく公平に抽出されることが必要である。

母集団の各個体を等しい確率で抽出する方法を **無作為抽出** といい，無作為抽出によって選ばれた標本を **無作為標本** という。無作為抽出では，**乱数さい** や **乱数表** などが使われる。

3 復元抽出と非復元抽出

母集団から標本を抽出するのに，毎回もとにもどしながら個体を1個ずつ抽出することを **復元抽出**，個体をもとにもどさないで標本を抽出することを **非復元抽出** という。

例 袋の中の玉を1個ずつ取り出すとき，取り出した玉をもとにもどす場合は復元抽出，もとにもどさない場合は非復元抽出である。

4 変量

統計的な調査の対象には，身長，血液型，不良品の個数などのように，特定の性質がある。これを特性といい，特性を表すものを **変量** という。

5 母集団分布

大きさ N の母集団において，変量 x のとりうる異なる値を x_1, x_2, ……, x_r とし，それぞれの値をとる個体の個数を f_1, f_2, ……, f_r とする。

このとき，この母集団から1個の個体を無作為に抽出して，変量 x の値を X とすると，X は確率変数であり，その確率分布は右の表のようになる。

X	x_1	x_2	……	x_r	計
P	$\dfrac{f_1}{N}$	$\dfrac{f_2}{N}$	……	$\dfrac{f_r}{N}$	1

$$(N = f_1 + f_2 + \cdots + f_r)$$

この X の確率分布を **母集団分布** という。また，確率変数 X の期待値，標準偏差を，それぞれ **母平均**，**母標準偏差** といい，m, σ で表す。m, σ は，母集団における変量 x の平均値，標準偏差にそれぞれ一致する。

A 全数調査と標本調査　　**B** 無作為抽出の方法　　**C** 復元抽出と非復元抽出

教 p.83

練習 25
教科書の例 17 において，標本を 1 枚ずつ非復元抽出し，抜き出した順序を区別しないとき，大きさ 5 の標本の総数をいえ。

指針 **非復元抽出と標本の総数**　100 枚の中から 5 枚を選ぶ組合せの総数に等しい。

解答 100 枚の札の中から，取り出した札をもとにもどさないで 5 枚選ぶときの選び方の総数であるから

$$_{100}C_5 = \frac{100 \cdot 99 \cdot 98 \cdot 97 \cdot 96}{5 \cdot 4 \cdot 3 \cdot 2 \cdot 1}$$

$$= 75287520 \quad \boxed{答}$$

D 母集団分布

教 p.84

練習 26
右の表は，40 枚の札に書かれた数字とその枚数である。40 枚を母集団，札の数字を変量とするとき，母集団分布を求めよ。また，母平均，母標準偏差を求めよ。

数字	1	2	3	4	5	計
枚数	2	6	24	6	2	40

指針 **母集団分布・母平均・母標準偏差**　40 枚から 1 枚を無作為抽出したときの札の数字を X として，X の確率分布を求め，期待値，標準偏差を計算する。

解答 40 枚の札から 1 枚の札を無作為に抽出し，その札の数字を X とすると，与えられた度数分布表から，X の確率分布，すなわち母集団分布は下の表のようになる。

$\boxed{答}$

X	1	2	3	4	5	計
P	$\frac{1}{20}$	$\frac{3}{20}$	$\frac{12}{20}$	$\frac{3}{20}$	$\frac{1}{20}$	1

母平均 m は

$$m = 1 \cdot \frac{1}{20} + 2 \cdot \frac{3}{20} + 3 \cdot \frac{12}{20} + 4 \cdot \frac{3}{20} + 5 \cdot \frac{1}{20} = \frac{60}{20} = 3$$

母標準偏差 σ について

$$\sigma^2 = (1-3)^2 \cdot \frac{1}{20} + (2-3)^2 \cdot \frac{3}{20} + (3-3)^2 \cdot \frac{12}{20} + (4-3)^2 \cdot \frac{3}{20} + (5-3)^2 \cdot \frac{1}{20}$$

$$= \frac{14}{20} = \frac{7}{10}$$

よって　　$\sigma = \sqrt{\frac{7}{10}} = \frac{\sqrt{70}}{10}$

$\boxed{答}$　母平均 3，母標準偏差 $\dfrac{\sqrt{70}}{10}$

7 標本平均の分布

まとめ

1 標本平均

母集団から大きさ n の無作為標本を抽出し，それらの変量 x の値を X_1，X_2，
……，X_n とするとき，$\overline{X} = \dfrac{X_1 + X_2 + \cdots\cdots + X_n}{n}$ を **標本平均** という。n を固
定すると，標本平均 $\overline{X}$ は 1 つの確率変数になる。

2 標本平均の期待値と標準偏差

母平均 m，母標準偏差 σ の母集団から大きさ n の無作為標本を抽出するとき，
その標本平均 $\overline{X}$ の期待値 $E(\overline{X})$ と標準偏差 $\sigma(\overline{X})$ は

$$E(\overline{X}) = m, \quad \sigma(\overline{X}) = \frac{\sigma}{\sqrt{n}}$$

3 標本平均の分布と正規分布

母平均 m，母標準偏差 σ の母集団から抽出された大きさ n の無作為標本につ
いて，標本平均 $\overline{X}$ は，n が大きいとき，近似的に正規分布 $N\left(m, \dfrac{\sigma^2}{n}\right)$ に従
うとみなすことができる。したがって，$Z = \dfrac{\overline{X} - m}{\dfrac{\sigma}{\sqrt{n}}}$ は，n が大きいとき，近
似的に標準正規分布 $N(0, 1)$ に従う。

注意 母集団分布が正規分布のときは，n が大きくなくても，常に $\overline{X}$ は正規
分布 $N\left(m, \dfrac{\sigma^2}{n}\right)$ に従うことが知られている。

4 母比率と標本比率

一般に，母集団の中である特性 A をもつものの割合を，その特性 A の **母比
率** という。また，抽出された標本の中で特性 A をもつものの割合を **標本比
率** という。

5 標本比率と正規分布

特性 A の母比率 p の母集団から抽出された大きさ n の無作為標本について，
標本比率 R は，n が大きいとき，近似的に正規分布 $N\left(p, \dfrac{pq}{n}\right)$（ただし，$q = 1 - p$）
に従うとみなすことができる。

6 大数の法則

母平均 m の母集団から大きさ n の無作為標本を抽出するとき，n が大きくな
るに従って，その標本平均 $\overline{X}$ はほとんど確実に母平均 m に近づく。これを
大数の法則 という。

A 標本平均の期待値と標準偏差

教 p.86

練習27

母平均 170，母標準偏差 8 の十分大きい母集団から，大きさ 16 の標本を抽出するとき，その標本平均 $\overline{X}$ の期待値と標準偏差を求めよ。

指針 **標本平均の期待値と標準偏差** 母平均 m，母標準偏差 σ の母集団から大きさ n の無作為標本を抽出するとき，標本平均 $\overline{X}$ の期待値，標準偏差は

$$E(\overline{X})=m, \quad \sigma(\overline{X})=\frac{\sigma}{\sqrt{n}}$$

解答 $\overline{X}$ の期待値は $\quad E(\overline{X})=170$

$\overline{X}$ の標準偏差は $\quad \sigma(\overline{X})=\dfrac{8}{\sqrt{16}}=\dfrac{8}{4}=2$

答 **期待値 170，標準偏差 2**

B 標本平均の分布と正規分布

教 p.88

練習28

母平均 100，母標準偏差 40 をもつ母集団から，大きさ 400 の無作為標本を抽出するとき，その標本平均 $\overline{X}$ が 98 より小さい値をとる確率を求めよ。

指針 **標本平均の分布と正規分布** 母平均 m，母標準偏差 σ の母集団から抽出された大きさ n の無作為標本の標本平均 $\overline{X}$ は，n が大きいとき，近似的に正規分布 $N\left(m, \dfrac{\sigma^2}{n}\right)$ に従うとみせるから，$Z=\dfrac{\overline{X}-m}{\dfrac{\sigma}{\sqrt{n}}}$ は近似的に標準正規分布 $N(0, 1)$ に従う。

解答 標本の大きさは $n=400$，母標準偏差は $\sigma=40$ であるから，標本平均 $\overline{X}$ の標準偏差は $\quad \dfrac{\sigma}{\sqrt{n}}=\dfrac{40}{\sqrt{400}}=2$

また，母平均は $m=100$ であるから，$Z=\dfrac{\overline{X}-100}{2}$ は近似的に標準正規分布 $N(0, 1)$ に従う。

$\overline{X}=98$ のとき $\quad Z=\dfrac{98-100}{2}=-1$

よって $\quad P(\overline{X}<98)=P(Z<-1)=P(Z>1)$
$$=0.5-P(0\leqq Z\leqq 1)=0.5-p(1)$$
$$=0.5-0.3413=\mathbf{0.1587} \quad 答$$

標準正規分布に直して考えよう。

C 標本比率と正規分布　D 大数の法則

> 練習 29 　教 p.89
>
> 1枚の硬貨を n 回投げるとき,表の出る相対度数を R とする。次の各場合について,確率 $P\left(\left|R-\dfrac{1}{2}\right|\leqq 0.05\right)$ の値を求めよ。
>
> (1)　$n=100$　　　(2)　$n=400$　　　(3)　$n=900$

指針 **標本比率と大数の法則**　本問はいろいろな考え方が可能であるが,次のような方針によって解くとわかりやすい。

① 　表の出る回数を X とすると,確率変数 X は二項分布 $B\left(n,\ \dfrac{1}{2}\right)$ に従い,正規分布で近似できる。

② 　相対度数 R は $R=\dfrac{X}{n}$ となり,R もまた正規分布で近似できる。

③ 　R を標準正規分布に従う確率変数 Z に変換して確率を求める。

解答 硬貨を n 回投げるとき,表の出る回数を X とすると,X は二項分布 $B\left(n,\ \dfrac{1}{2}\right)$ に従い,n が大きいとき,近似的に正規分布 $N\left(n\cdot\dfrac{1}{2},\ n\cdot\dfrac{1}{2}\cdot\dfrac{1}{2}\right)$,すなわち $N\left(\dfrac{n}{2},\ \dfrac{n}{4}\right)$ に従う。このとき,表の出る相対度数 $R=\dfrac{X}{n}$ は近似的に正規分布 $N\left(\dfrac{1}{n}\cdot\dfrac{n}{2},\ \dfrac{1}{n^2}\cdot\dfrac{n}{4}\right)$,すなわち $N\left(\dfrac{1}{2},\ \dfrac{1}{4n}\right)$ に従い,

$Z=\dfrac{R-\dfrac{1}{2}}{\sqrt{\dfrac{1}{4n}}}$ は近似的に標準正規分布 $N(0,\ 1)$ に従う。

$R-\dfrac{1}{2}=\dfrac{Z}{2\sqrt{n}}$ であるから,$\left|R-\dfrac{1}{2}\right|\leqq 0.05$ のとき　　$\dfrac{|Z|}{2\sqrt{n}}\leqq 0.05$

(1)　$P\left(\left|R-\dfrac{1}{2}\right|\leqq 0.05\right)=P\left(\dfrac{|Z|}{2\sqrt{100}}\leqq 0.05\right)=P(|Z|\leqq 1)$

$\qquad\qquad =P(-1\leqq Z\leqq 1)=2P(0\leqq Z\leqq 1)$

$\qquad\qquad =2p(1)=2\times 0.3413=\mathbf{0.6826}$　答

(2)　$P\left(\left|R-\dfrac{1}{2}\right|\leqq 0.05\right)=P\left(\dfrac{|Z|}{2\sqrt{400}}\leqq 0.05\right)=P(|Z|\leqq 2)$

$\qquad\qquad =P(-2\leqq Z\leqq 2)=2P(0\leqq Z\leqq 2)$

$\qquad\qquad =2p(2)=2\times 0.4772=\mathbf{0.9544}$　答

(3)　$P\left(\left|R-\dfrac{1}{2}\right|\leqq 0.05\right)=P\left(\dfrac{|Z|}{2\sqrt{900}}\leqq 0.05\right)=P(|Z|\leqq 3)$

$\qquad\qquad =P(-3\leqq Z\leqq 3)=2P(0\leqq Z\leqq 3)$

$\qquad\qquad =2p(3)=2\times 0.49865=\mathbf{0.9973}$　答

8 推定

1 母平均の推定

母標準偏差を σ とする。標本の大きさ n が大きいとき，母平均 m に対する信頼度 95％の 信頼区間 は，標本平均を $\overline{X}$ とすると

$$\left[\,\overline{X}-1.96\cdot\frac{\sigma}{\sqrt{n}},\ \ \overline{X}+1.96\cdot\frac{\sigma}{\sqrt{n}}\,\right]$$

注意 母平均 m に対して信頼度 95％の信頼区間を求めることを「母平均 m を信頼度 95％で 推定 する」ということがある。

2 母平均の推定（母標準偏差がわからないとき）

母平均の推定において，標本の大きさ n が大きいときは，母標準偏差 σ の代わりに標本の標準偏差 S を用いても差し支えないことが知られている。

3 母比率の推定

標本の大きさ n が大きいとき，標本比率を R とすると，母比率 p に対する信頼度 95％の信頼区間は

$$\left[\,R-1.96\sqrt{\frac{R(1-R)}{n}},\ \ R+1.96\sqrt{\frac{R(1-R)}{n}}\,\right]$$

A 母平均の推定

練習 30 大量に生産されたある製品の中から，100 個を無作為抽出して長さを測ったところ，平均値 103.4 cm，標準偏差 1.5 cm であった。この製品の平均の長さ m cm に対して，信頼度 95％の信頼区間を求めよ。

指針 **母平均の推定** 母標準偏差 σ の代わりに標本の標準偏差 S を用いる。このとき，標本平均を $\overline{X}$，標本の大きさを n とすると，母平均 m に対する信頼度 95％の信頼区間は

$$\left[\,\overline{X}-1.96\cdot\frac{S}{\sqrt{n}},\ \ \overline{X}+1.96\cdot\frac{S}{\sqrt{n}}\,\right]$$

また，標本をとるとき，得られる平均値は $\overline{X}$ の実現値（実際に観測された値）で変数ではない。そのため，下の **解答** では小文字の $\overline{x}$ を用いている。

解答 標本の平均値は $\overline{x}=103.4$，標本の標準偏差は $S=1.5$，標本の大きさは $n=100$ であるから

$$1.96\cdot\frac{S}{\sqrt{n}}=1.96\cdot\frac{1.5}{\sqrt{100}}\fallingdotseq0.3$$

よって，求める信頼区間は

$$[103.4-0.3,\ 103.4+0.3]$$

すなわち **[103.1，103.7]**　　ただし，単位は **cm**　答

注意 本問で求めた信頼区間は，「103.1 cm 以上 103.7 cm 以下」であるともいう。

B 母比率の推定

練習 31

教 p.93

教科書の例題 6 において，標本の大きさが 900 人のときは，A 政党の支持者は 324 人いた。A 政党の支持者の母比率 p に対して，信頼度 95 ％の信頼区間を求めよ。

指針 **母比率の推定**　標本比率を R，標本の大きさを n とすると，母比率 p に対する信頼度 95 ％の信頼区間は

$$\left[R-1.96\sqrt{\frac{R(1-R)}{n}},\ R+1.96\sqrt{\frac{R(1-R)}{n}}\right]$$

解答　標本比率 R は

$$R=\frac{324}{900}=0.36$$

$n=900$ であるから

$$1.96\sqrt{\frac{R(1-R)}{n}}=1.96\sqrt{\frac{0.36\times0.64}{900}}$$
$$=1.96\times0.016$$
$$≒0.031$$

よって，求める信頼区間は

$$[0.36-0.031,\ 0.36+0.031]$$

すなわち **[0.329，0.391]**　答

9 仮説検定

1 仮説検定

母集団に関して考えた仮定を **仮説** といい，標本から得られた結果によって，この仮説が正しいか正しくないかを判断する方法を **仮説検定** という。また，仮説が正しくないと判断することを，仮説を **棄却する** という。

たとえば，「硬貨 A は表と裏の出やすさに偏りがある」かどうかを仮説検定によって判断するときには，判断したい主張，すなわち

    [1]　硬貨 A の表の出る確率 p は $p=0.5$ ではない

に対し，これに反する仮定として

    [2]　硬貨 A の表の出る確率 p は $p=0.5$ である

を立てる。そして，[2] の仮定のもとでの議論の結果，[2] が正しくないと判断されればこれを棄却し，[1] の主張が正しいと判断することになる。

補足　上の例のように，正しいかどうか判断したい主張 [1] に反する仮定として立てた主張 [2] を **帰無仮説** といい，主張 [1] を **対立仮説** という。

2 有意水準と棄却域

仮説検定では，まず，どの程度小さい確率の事象が起こると仮説を棄却するか，という基準をあらかじめ定めておく。この基準となる確率 α を **有意水準** という。有意水準 α は，0.05（5 %）または 0.01（1 %）と定めることが多い。

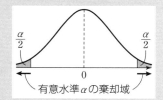

有意水準 α の棄却域

有意水準 α に対して，仮説が棄却されるような確率変数の値の範囲が定まる。この範囲を有意水準 α の **棄却域** という。

3 仮説検定の手順

① ある事象が起こった状況や原因を推測し，仮説（帰無仮説）を立てる。

② 有意水準 α を定め，仮説にもとづいて棄却域を求める。

③ 標本から得られた確率変数の値が棄却域に入れば仮説を棄却し，棄却域に入らなければ仮説を棄却しない。

注意　有意水準 α で仮説検定を行うことを，「有意水準 α で **検定** する」ということがある。

4 両側検定と片側検定

たとえば，硬貨の表の出る確率を p とするとき，判断したい主張が「$p \neq 0.5$」である場合には，標本から得られた結果（確率変数の値）が異常に大きくても，また，異常に小さくても仮説（$p=0.5$）が棄却されるように，棄却域を両側にとって検定を行う。このような検定を **両側検定** という。

これに対し，判断したい主張が「$p>0.5$」である場合には，標本から得られた結果が異常に大きい場合にのみ仮説 ($p=0.5$) が棄却されるように，棄却域を片側にのみとって検定を行う。このような検定を **片側検定** という。

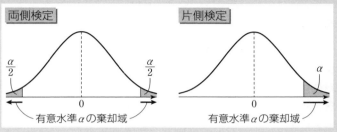

| 両側検定 | 片側検定 |

有意水準 α の棄却域

A 仮説検定

教 p.97

練習
32
ある 1 個のさいころを 180 回投げたところ，1 の目が 24 回出た。このさいころは，1 の目が出る確率が $\dfrac{1}{6}$ ではないと判断してよいか。有意水準 5 ％で検定せよ。

指針 **両側検定** 「1 の目が出る確率は $\dfrac{1}{6}$ である」という仮説を立てると，1 の目が出る回数 X は二項分布 $B\left(180,\ \dfrac{1}{6}\right)$ に従う。X を標準正規分布 $N(0,\ 1)$ に従う確率変数 Z に変換し，$X=24$ に対応する Z の値が有意水準 5 ％の棄却域 (両側にある) に入るかどうかで判断する。

解答 1 の目が出る確率を p とする。

1 の目が出る確率が $\dfrac{1}{6}$ でなければ，$p \neq \dfrac{1}{6}$ である。

ここで，「1 の目が出る確率は $\dfrac{1}{6}$ である」，すなわち $p=\dfrac{1}{6}$ という仮説を立てる。

この仮説が正しいとすると，180 回のうち 1 の目が出る回数 X は，二項分布 $B\left(180,\ \dfrac{1}{6}\right)$ に従う。

X の期待値 m と標準偏差 σ は

$$m=180\times\dfrac{1}{6}=30,\quad \sigma=\sqrt{180\times\dfrac{1}{6}\times\dfrac{5}{6}}=5$$

よって，$Z=\dfrac{X-30}{5}$ は近似的に標準正規分布 $N(0,\ 1)$ に従う。

正規分布表より $P(-1.96\leqq Z\leqq 1.96)=0.95$ であるから，有意水準 5 ％の棄却

域は

$$Z \leqq -1.96 \text{ または } 1.96 \leqq Z$$

$X=24$ のとき $Z=\dfrac{24-30}{5}=-1.2$ であり，この値は棄却域に入らないから，仮説を棄却できない。

したがって，この結果からは，1の目が出る確率が $\dfrac{1}{6}$ ではないとは判断できない。 答

注意 教科書 *p.*96 の例 21 や本問では，「仮説を棄却できない」という判断をしているが，仮説が正しいと判断しているわけではない。たとえば，本問の場合では，仮説を積極的に肯定し，「1の目が出る確率は $\dfrac{1}{6}$ である」と主張しているわけではない。

練習 33 教 p.98

ある種子の発芽率は従来 75 ％であったが，品種改良した新しい種子から無作為に 300 個を抽出して種をまいたところ，237 個が発芽した。品種改良によって発芽率は上がったと判断してよいか。有意水準 5 ％で検定せよ。

指針 **片側検定** 新しい種子の発芽率を p とし，「発芽率は上がらなかった」，すなわち，「$p=0.75$」という仮説を立てると，発芽する種子の個数 X は二項分布 $B(300,\ 0.75)$ に従う。X を標準正規分布 $N(0,\ 1)$ に従う確率変数 Z に変換し，$X=237$ に対応する Z の値が有意水準 5 ％の棄却域 (片側のみ) に入るかどうかで判断する。

解答 品種改良した新しい種子の発芽率を p とする。

品種改良によって発芽率が上がったなら，$p>0.75$ である。

ここで，「品種改良によって発芽率は上がらなかった」，すなわち $p=0.75$ という仮説を立てる。

この仮説が正しいとすると，300 個のうち発芽する種子の個数 X は，二項分布 $B(300,\ 0.75)$ に従う。

X の期待値 m と標準偏差 σ は

$$m=300 \times 0.75 = 225, \quad \sigma=\sqrt{300 \times 0.75 \times 0.25}=7.5$$

よって，$Z=\dfrac{X-225}{7.5}$ は近似的に標準正規分布 $N(0,\ 1)$ に従う。

正規分布表より $P(0 \leqq Z \leqq 1.64)=0.45$ であるから，有意水準 5 ％の棄却域は

$$Z \geqq 1.64$$

$X=237$ のとき $Z=\dfrac{237-225}{7.5}=1.6$ であり，この値は棄却域に入らないから，

仮説を棄却できない。

したがって，**品種改良によって発芽率が上がったとは判断できない。**　答

深める

教科書 96 ページの例 21 において，「コインは表が出にくい」と判断してよいかを，片側検定を用いて，有意水準 5 ％で検定してみよう。 教 p.98

指針　片側検定　判断したい主張を「$p<0.5$」，仮説を「$p=0.5$」としたうえで，例 21 と同様に行う。最後に，得られた値が有意水準 5 ％の片側検定の棄却域に入るかどうか確認する。

解答　表が出る確率を p とする。表が出にくいなら，$p<0.5$ である。ここで，「表が出にくくない」，すなわち $p=0.5$ という仮説を立てる。

この仮説が正しいとすると，400 回のうち表が出る回数 X は，二項分布 $B(400,\ 0.5)$ に従う。X の期待値 m と標準偏差 σ は

$$m=400\times0.5=200,\quad \sigma=\sqrt{400\times0.5\times0.5}=10$$

よって，$Z=\dfrac{X-200}{10}$ は近似的に標準正規分布 $N(0,\ 1)$ に従う。

正規分布表より $P(-1.64\leqq Z\leqq0)=0.45$ であるから，有意水準 5 ％の棄却域は

$$Z\leqq-1.64$$

$X=183$ のとき $Z=\dfrac{183-200}{10}=-1.7$ であり，この値は棄却域に入るから，仮説は棄却できる。

すなわち，**コインは表が出にくいと判断してよい。**　答

第2章 第2節　補充問題

教 p.99

3　1 個のさいころを 30 回投げて，k 回目に 1 の目が出たら $X_k=1$，1 以外の目が出たら $X_k=0$ の値をとる確率変数 X_k を考える。

標本平均 $\overline{X}=\dfrac{1}{30}(X_1+X_2+\cdots\cdots+X_{30})$ の期待値と標準偏差を求めよ。

指針　標本平均の期待値と標準偏差　$\overline{X}$ は母集団分布が右のようになる母集団からの大きさ 30 の無作為標本の標本平均と考える。

X	0	1	計
P	$\dfrac{5}{6}$	$\dfrac{1}{6}$	1

母平均 m，母標準偏差 σ の母集団から大きさ n の無作為標本を抽出するとき，その標本平均 $\overline{X}$ について　$E(\overline{X})=m,\ \sigma(\overline{X})=\dfrac{\sigma}{\sqrt{n}}$

解答 $P(X_k=0)=\dfrac{5}{6}$, $P(X_k=1)=\dfrac{1}{6}$ であるから

X	0	1	計
P	$\dfrac{5}{6}$	$\dfrac{1}{6}$	1

$\overline{X}=\dfrac{1}{30}(X_1+X_2+\cdots\cdots+X_{30})$ は母集団分布が右のよう

になる母集団から大きさ 30 の無作為標本を抽出するときの標本平均と考える

ことができる。

母平均 m は

$$m=E(X)=0\cdot\dfrac{5}{6}+1\cdot\dfrac{1}{6}=\dfrac{1}{6}$$

また, $V(X)=0^2\cdot\dfrac{5}{6}+1^2\cdot\dfrac{1}{6}-\left(\dfrac{1}{6}\right)^2=\dfrac{5}{36}$ であるから, 母標準偏差 σ は

$$\sigma=\sqrt{V(X)}=\sqrt{\dfrac{5}{36}}$$

よって, $\overline{X}$ の期待値と標準偏差は

$$E(\overline{X})=m=\dfrac{1}{6} \quad 答$$

$$\sigma(\overline{X})=\dfrac{\sigma}{\sqrt{30}}=\sqrt{\dfrac{5}{30\cdot36}}=\dfrac{1}{6\sqrt{6}}=\dfrac{\sqrt{6}}{36} \quad 答$$

教 p.99

4 Z を標準正規分布 $N(0,\ 1)$ に従う確率変数とする。$P(|Z|\leqq a)=0.99$
を満たす最も適切な a の値を, 次の①〜④のうちから 1 つ選べ。

　　① 1.75　　② 1.96　　③ 2.33　　④ 2.58

指針 **標準正規分布と確率** 条件式から, $P(0\leqq Z\leqq a)$, すなわち $p(a)$ の値を求め,
$p(a)$ に近い値を正規分布表で探す。

解答
$$\begin{aligned}P(|Z|\leqq a)&=P(-a\leqq Z\leqq a)\\&=P(-a\leqq Z\leqq 0)+P(0\leqq Z\leqq a)\\&=2P(0\leqq Z\leqq a)\\&=2p(a)\end{aligned}$$

$2p(a)=0.99$ から　　$p(a)=0.495$

正規分布表により, $p(2.57)=0.4949$, $p(2.58)=0.4951$ であるから, 選択肢に
ある値のうち, a の値として最も適切なものは 2.58 である。

したがって　④　答

第2章　章末問題A

1. 袋の中に3個の白玉と5個の黒玉が入っている。この袋から4個の玉を同時に取り出すとき，その中に含まれる白玉の個数を X とする。また，この袋から玉を1個取り出してはもとにもどすことを4回繰り返すとき，白玉の出る回数を Y とする。このとき，次のものを求めよ。

  (1)　X の確率分布，期待値，分散　　　(2)　Y の期待値，分散

指針　**期待値・分散，二項分布**

  (1)　X のとりうる値は 0，1，2，3 である。それぞれの確率を求めて確率分布の表を作り，期待値を計算する。分散については，

    $V(X) = E(X^2) - \{E(X)\}^2$ を用いるとよい。

  (2)　反復試行であるから，Y は二項分布に従う。

解答　(1)　X のとりうる値は，0，1，2，3 である。

$$P(X=0) = \frac{{}_5C_4}{{}_8C_4} = \frac{5}{70} = \frac{1}{14}$$

$$P(X=1) = \frac{{}_3C_1 \times {}_5C_3}{{}_8C_4} = \frac{30}{70} = \frac{6}{14}$$

$$P(X=2) = \frac{{}_3C_2 \times {}_5C_2}{{}_8C_4} = \frac{30}{70} = \frac{6}{14}$$

$$P(X=3) = \frac{{}_3C_3 \times {}_5C_1}{{}_8C_4} = \frac{5}{70} = \frac{1}{14}$$

よって，X の確率分布は次の表のようになる。

X	0	1	2	3	計
P	$\frac{1}{14}$	$\frac{6}{14}$	$\frac{6}{14}$	$\frac{1}{14}$	1

答

ゆえに　　$E(X) = 0 \cdot \frac{1}{14} + 1 \cdot \frac{6}{14} + 2 \cdot \frac{6}{14} + 3 \cdot \frac{1}{14} = \frac{21}{14} = \frac{3}{2}$

また　　$E(X^2) = 0^2 \cdot \frac{1}{14} + 1^2 \cdot \frac{6}{14} + 2^2 \cdot \frac{6}{14} + 3^2 \cdot \frac{1}{14} = \frac{39}{14}$

したがって　$V(X) = E(X^2) - \{E(X)\}^2 = \frac{39}{14} - \left(\frac{3}{2}\right)^2 = \frac{15}{28}$

答　期待値 $\frac{3}{2}$，分散 $\frac{15}{28}$

  (2)　玉を1個取り出したときに白玉の出る確率は $\frac{3}{8}$ であるから，Y は二項分布 $B\left(4, \frac{3}{8}\right)$ に従う。

したがって　$E(Y)=4\cdot\dfrac{3}{8}=\dfrac{3}{2}$

$V(Y)=4\cdot\dfrac{3}{8}\cdot\left(1-\dfrac{3}{8}\right)=\dfrac{15}{16}$

答　期待値 $\dfrac{3}{2}$，分散 $\dfrac{15}{16}$

教 p.100

2. 確率変数 X の確率密度関数 $f(x)$ が
$-1\leqq x\leqq0$ のとき　$f(x)=x+1$,
$0\leqq x\leqq1$ のとき　$f(x)=-x+1$
であるとき，次の確率を求めよ。
(1) $P(0\leqq X\leqq1)$
(2) $P(0.5\leqq X\leqq1)$
(3) $P(-0.5\leqq X\leqq0.25)$

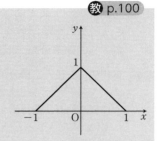

指針　**確率密度関数**　連続型確率変数 X の確率密度関数 $f(x)$ が与えられたとき，$P(a\leqq X\leqq b)$ は $y=f(x)$ のグラフと x 軸，および2直線 $x=a$，$x=b$ が囲む部分の面積に等しい。

解答　(1)　$P(0\leqq X\leqq1)$ は x 軸，y 軸と直線 $y=-x+1$ が囲む部分の面積に等しい。よって

$$P(0\leqq X\leqq1)=\dfrac{1}{2}\cdot1\cdot1=\dfrac{1}{2}=0.5 \quad 答$$

(2)　$P(0.5\leqq X\leqq1)$ は右の図の斜線部分の面積に等しい。よって

$$P(0.5\leqq X\leqq1)=\dfrac{1}{2}\cdot\left(1-\dfrac{1}{2}\right)\cdot\dfrac{1}{2}$$
$$=\dfrac{1}{8}=0.125 \quad 答$$

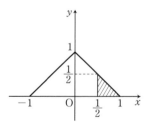

(3)　$P(-0.5\leqq X\leqq0.25)$ は右の図の斜線部分の面積に等しい。これは全体の面積1から，㋐の三角形の面積と㋑の三角形の面積を引いたものになる。㋐の三角形の面積は，(2)で求めた面積と等しいから

$$P(-0.5\leqq X\leqq0.25)=1-\dfrac{1}{8}-\dfrac{1}{2}\cdot\left(1-\dfrac{1}{4}\right)\cdot\dfrac{3}{4}$$
$$=1-\dfrac{13}{32}=\dfrac{19}{32}=0.59375 \quad 答$$

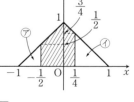

教 p.100

3. ある製品を作っている工場で不良品ができる確率は 0.02 であるという。
   この製品 2500 個の中に含まれる不良品の個数が 36 個以下である確率
   を求めよ。

指針　**二項分布の正規分布による近似**　不良品の個数を X とすると，X は二項分布
に従う。X の期待値を m，標準偏差を σ として，$Z=\dfrac{X-m}{\sigma}$ とおくと，Z は
近似的に標準正規分布 $N(0,\ 1)$ に従う。

解答　製品 2500 個の中に含まれる不良品の個数を X とすると，X は製品を取り出
すことを 2500 回繰り返す反復試行において，不良品を取り出す回数とみなせ
るから，X は二項分布 $B(2500,\ 0.02)$ に従う。

　　　X の期待値 m と標準偏差 σ は

$$m=2500\times0.02=50$$
$$\sigma=\sqrt{2500\times0.02\times0.98}=\sqrt{49}=7$$

　　　よって，$Z=\dfrac{X-50}{7}$ は近似的に標準正規分布 $N(0,\ 1)$ に従う。

　　　$X=0$ のとき　$Z=-\dfrac{50}{7}$

　　　$X=36$ のとき　$Z=\dfrac{36-50}{7}=-2$

　　　よって，求める確率は

$$P(0\leqq X\leqq36)=P\left(-\frac{50}{7}\leqq Z\leqq-2\right)=P\left(2\leqq Z\leqq\frac{50}{7}\right)$$

　　　$P\left(0\leqq Z\leqq\dfrac{50}{7}\right)=p\left(\dfrac{50}{7}\right)\fallingdotseq0.5$ と考えてよいから

$$P\left(2\leqq Z\leqq\frac{50}{7}\right)=p\left(\frac{50}{7}\right)-p(2)\fallingdotseq0.5-0.4772=\textbf{0.0228}\quad\text{答}$$

教 p.100

4. 1000 人の生徒に数学の試験を実施したところ，その成績の分布は平均
   点 62 点，標準偏差 8 点の正規分布で近似された。成績が上位 100 番ま
   での生徒の得点はおよそ何点以上か。小数点以下を切り捨てて答えよ。

指針　**得点と正規分布**　得点を X 点とすると，X は正規分布に従う。X を標準正規
分布 $N(0,\ 1)$ に従う変数 Z に変換し，正規分布表を用いて調べる。

解答　得点を X 点とする。

　　　X は近似的に正規分布 $N(62,\ 8^2)$ に従うから，$Z=\dfrac{X-62}{8}$ は近似的に標準正

　　　規分布 $N(0,\ 1)$ に従う。$P(Z\geqq u)=\dfrac{100}{1000}=0.1$ を満たす u を求める。

$P(Z \geqq u) = 0.5 - P(0 \leqq Z \leqq u) = 0.5 - p(u)$

$0.5 - p(u) = 0.1$ より $p(u) = 0.4$

これを満たす u は，正規分布表より $u \fallingdotseq 1.28$

$Z = 1.28$ のとき $\dfrac{X - 62}{8} = 1.28$

この方程式を解くと，$X = 1.28 \times 8 + 62$ より $X = 72.24$

よって，成績が上位 100 番までの生徒の得点は **72 点以上** 答

教 p.100

5. 視聴率調査用のモニターテレビ 625 台について調査したところ，ある番組の視聴台数は 125 台であった。この番組の，視聴者全体における視聴率 p に対して，信頼度 95 ％の信頼区間を求めよ。

指針 **母比率の推定** 標本比率を R，標本の大きさを n とすると，母比率 p に対する信頼度 95 ％の信頼区間は

$$\left[R - 1.96 \sqrt{\dfrac{R(1-R)}{n}}, \ R + 1.96 \sqrt{\dfrac{R(1-R)}{n}} \right]$$

解答 標本比率 R は $R = \dfrac{125}{625} = 0.2$，標本の大きさは $n = 625$ であるから

$$1.96 \sqrt{\dfrac{R(1-R)}{n}} = 1.96 \sqrt{\dfrac{0.2 \times 0.8}{625}} = 1.96 \times 0.016 \fallingdotseq 0.031$$

よって，求める信頼区間は

$$[0.2 - 0.031, \ 0.2 + 0.031]$$

すなわち **[0.169, 0.231]** 答

教 p.100

6. ある 2 つの野球チーム A，B の年間の対戦成績は，A の 25 勝 11 敗であった。両チームの力に差があると判断してよいか。有意水準 5 ％で検定せよ。また，有意水準 1 ％で検定せよ。

指針 **両側検定** 判断したい主張は「両チームの力に差がある」，それに対する仮説は「両チームの力に差がない」であり，A が勝つ確率を p とすれば，それぞれ $p \neq 0.5$，$p = 0.5$ と表される。判断したい主張が「$\neq$」で表されるときは両側検定を用いる。$p = 0.5$ のもとで A が勝つ回数を X とすると，X は二項分布 $B(36, 0.5)$ に従うので，標準正規分布 $N(0, 1)$ に従う確率変数 Z に変換し，$X = 25$ に対応する Z の値について調べる。

解答 A が勝つ確率を p とする。

両チームの力に差があるなら，$p \neq 0.5$ である。

ここで，「両チームの力に差がない」，すなわち $p = 0.5$ という仮説を立てる。

まずは両側検定なのか片側検定なのかを最初に判断しよう。

この仮説が正しいとすると，36 回の対戦のうち A が勝つ回数 X は，二項分布 $B(36, 0.5)$ に従う。

X の期待値 m と標準偏差 σ は

$$m = 36 \times 0.5 = 18, \quad \sigma = \sqrt{36 \times 0.5 \times 0.5} = 3$$

よって，$Z = \dfrac{X-18}{3}$ は近似的に標準正規分布 $N(0, 1)$ に従う。

有意水準が 5％のとき

正規分布表より $P(-1.96 \leqq Z \leqq 1.96) = 0.95$ であるから，有意水準 5％の棄却域は　$Z \leqq -1.96$　または　$1.96 \leqq Z$

$X = 25$ のとき $Z = \dfrac{25-18}{3} = 2.33\cdots\cdots$ であり，この値は棄却域に入るから，仮説は棄却できる。

すなわち，両チームの力に差があると判断してよい。　答

有意水準が 1％のとき

正規分布表より $P(-2.58 \leqq Z \leqq 2.58) = 0.99$ であるから，有意水準 1％の棄却域は　$Z \leqq -2.58$　または　$2.58 \leqq Z$

$X = 25$ のとき $Z = \dfrac{25-18}{3} = 2.33\cdots\cdots$ であり，この値は棄却域に入らないから，仮説は棄却できない。

したがって，両チームの力に差があるとは判断できない。　答

第 2 章　章末問題 B

教 p.101

7. 1 個のさいころを 4 回投げて，k 回目に出た目が 3 の倍数のとき $X_k = 1$ とし，3 の倍数でないとき $X_k = 0$ とする。
$X = X_1 + X_2 + X_3 + X_4$ とするとき，X の期待値と分散および標準偏差を求めよ。

指針 **二項分布**　X はさいころを 4 回投げたときに 3 の倍数の目が出た回数を表すから，二項分布に従う。よって，二項分布の期待値と標準偏差を計算すればよい。

解答 X の値は X_1, X_2, X_3, X_4 のうち 1 の値をとるものの個数を表し，これは，1 個のさいころを 4 回投げたときに，出た目が 3 の倍数になった回数を示している。

さいころを 1 回投げたとき，3 の倍数の目が出る確率は

$\dfrac{2}{6} = \dfrac{1}{3}$ であるから，X は二項分布 $B\left(4, \dfrac{1}{3}\right)$ に従う。

X の期待値は $\qquad E(X) = 4 \cdot \dfrac{1}{3} = \dfrac{4}{3}$

X の分散は $\qquad V(X) = 4 \cdot \dfrac{1}{3} \cdot \left(1 - \dfrac{1}{3}\right) = \dfrac{8}{9}$

X の標準偏差は $\qquad \sigma(X) = \sqrt{V(X)} = \sqrt{\dfrac{8}{9}} = \dfrac{2\sqrt{2}}{3}$

答 期待値 $\dfrac{4}{3}$, 分散 $\dfrac{8}{9}$, 標準偏差 $\dfrac{2\sqrt{2}}{3}$

教 p.101

8. ある大学の入学試験は，入学定員 400 名に対し受験者数が 2600 名で，500 点満点に対し平均点は 285 点，標準偏差は 72 点であった。得点の分布が正規分布で近似されるとみなすとき，合格最低点はおよそ何点か。小数点以下を切り捨てて答えよ。ただし，成績上位 400 名のみが合格者であるとする。

指針 **正規分布の応用** 受験者の得点を X，合格最低点を a 点とすると

$P(X \geqq a) = \dfrac{400}{2600}$ が成り立つ。X を標準正規分布 $N(0, 1)$ に従う変数 Z に変換し，$P(X \geqq a) = P(Z \geqq u)$ となる u の値をまず求める。

解答 受験者の得点を X とする。X は近似的に正規分布 $N(285, 72^2)$ に従うから，

$Z = \dfrac{X - 285}{72}$ は近似的に標準正規分布 $N(0, 1)$ に従う。

合格最低点を a 点とし，$u = \dfrac{a - 285}{72}$ とすると

$P(X \geqq a) = P(Z \geqq u) = \dfrac{400}{2600}$ が成り立つ。

ここで，$P(Z \geqq u) = P(Z \geqq 0) - P(0 \leqq Z \leqq u) = 0.5 - p(u)$ より

$$0.5 - p(u) = \dfrac{400}{2600} \fallingdotseq 0.1538$$

すなわち $\qquad p(u) \fallingdotseq 0.5 - 0.1538 = 0.3462$

これを満たす u の値は，正規分布表より $\qquad u = 1.02$

このとき，$1.02 = \dfrac{a - 285}{72}$ より $\qquad a = 358.44$

したがって，合格最低点は $\qquad$ **358 点** 答

教 p.101

9. 大量の商品があり，そのうちの 5 % は模造品であるという。無作為に抽出した 1900 個の商品の中に含まれる模造品の率を R とする。R が 3.5 % 以上 6.5 % 以下である確率を求めよ。

指針 **標本比率と正規分布** 特性 A の母比率が p である母集団から抽出された大き

さ n の無作為標本について，特性 A の標本比率 R は，n が大きいとき，近似的に正規分布 $N\left(p,\ \dfrac{p(1-p)}{n}\right)$ に従う。

解答 母比率を p とする。$p=0.05$，$n=1900$ であるから

$$\frac{p(1-p)}{n}=\frac{0.05\times0.95}{1900}=0.000025=0.005^2$$

よって，R は近似的に正規分布 $N(0.05,\ 0.005^2)$ に従うから，

$Z=\dfrac{R-0.05}{0.005}$ は近似的に標準正規分布 $N(0,\ 1)$ に従う。

$R=0.035$ のとき $\quad Z=\dfrac{0.035-0.05}{0.005}=-3$

$R=0.065$ のとき $\quad Z=\dfrac{0.065-0.05}{0.005}=3$

よって $\quad P(0.035\leqq R\leqq0.065)=P(-3\leqq Z\leqq3)$

$\qquad\qquad\qquad =2P(0\leqq Z\leqq3)=2p(3)$

$\qquad\qquad\qquad =2\times0.49865=\mathbf{0.9973}$ 答

10. ある工場で生産されている LED 電球の寿命時間の標準偏差は 1000 時間であることが知られている。いま，この工場の LED 電球の寿命時間の平均値を信頼度 95％ で推定するために，何個かを抽出して調査したい。信頼区間の幅を 200 時間以下にするためには，何個以上調査すればよいか。

指針 **母平均の推定** 母標準偏差を σ，標本の大きさを n，標本平均を $\overline{X}$ とすると，母平均 m に対する信頼度 95％ の信頼区間は

$$\left[\overline{X}-1.96\cdot\frac{\sigma}{\sqrt{n}},\ \overline{X}+1.96\cdot\frac{\sigma}{\sqrt{n}}\right]$$

信頼区間が $[A,\ B]$ であるとき，信頼区間の幅とは $B-A$ のことである。

解答 母標準偏差を σ，標本の大きさを n，標本平均を $\overline{X}$ とすると，信頼度 95％ の信頼区間の幅は

$$\left(\overline{X}+1.96\cdot\frac{\sigma}{\sqrt{n}}\right)-\left(\overline{X}-1.96\cdot\frac{\sigma}{\sqrt{n}}\right)=2\times1.96\cdot\frac{\sigma}{\sqrt{n}}$$

したがって，$2\times1.96\cdot\dfrac{1000}{\sqrt{n}}\leqq200$ となる自然数 n の値の範囲を求めればよい。

両辺に $\dfrac{\sqrt{n}}{200}$ を掛けると $\quad 2\times1.96\cdot5\leqq\sqrt{n}\quad$ よって $\quad\sqrt{n}\geqq19.6$

両辺を 2 乗して $\quad n\geqq384.16$

よって，**385 個以上** 調査すればよい。 答

11.内容量 300g と表示されている大量の缶詰から，無作為に 100 個を取り出し重さを量ったところ，平均値が 298.6g，標準偏差が 7.4g であった。全製品の 1 缶あたりの平均内容量は，表示より少ないと判断してよいか。有意水準 5 ％で検定せよ。

指針 **片側検定** 全製品の 1 缶あたりの平均内容量，すなわち，母平均を m g とすると，判断したい主張は「$m<300$」であり，それに対する仮説は「$m=300$」である。判断したい主張が「300 より少ない」であるから片側検定を用いる。また，$m=300$ のもとで，標本平均 $\overline{X}$ は $N\left(300,\ \dfrac{7.4^2}{100}\right)$ に従うとみなせることを利用する。

解答 全製品の 1 缶あたりの平均内容量，すなわち，母平均を m g とする。平均内容量が表示より少ないならば，$m<300$ である。ここで，「平均内容量は表示の通りである」，すなわち $m=300$ という仮説を立てる。この仮説が正しいとし，無作為抽出した 100 個の標本平均を $\overline{X}$ g とすると，$\overline{X}$ は近似的に正規分布 $N\left(300,\ \dfrac{7.4^2}{100}\right)$ に従う。

$\dfrac{7.4^2}{100}=0.74^2$ であるから，$Z=\dfrac{\overline{X}-300}{0.74}$ は近似的に標準正規分布 $N(0,\ 1)$ に従う。正規分布表より $P(-1.64\leqq Z\leqq0)=0.45$ であるから，有意水準 5 ％の棄却域は
$$Z\leqq-1.64$$
$\overline{X}=298.6$ のとき $Z=\dfrac{298.6-300}{0.74}=-1.89$ …… であり，この値は棄却域に入るから，仮説は棄却できる。

すなわち，1 缶あたりの平均内容量は表示より少ないと判断してよい。　图

補足 母平均 m，母標準偏差 σ の母集団から抽出された大きさ n の無作為標本の標本平均 $\overline{X}$ は，n が大きいとき，近似的に正規分布 $N\left(m,\ \dfrac{\sigma^2}{n}\right)$ に従うとみなせる。

第**3**章 | 数学と社会生活

1 数学を活用した問題解決

A 数学を活用した考察の方法

練習 1 教 p.105

教科書 105 ページの仮定 [1] のごみの量は，家庭から出るごみ (生活系ごみ) と，お店や会社などから出るごみ (事業系ごみ) を合わせたごみの量である。環境省の調査によると，生活系ごみは排出されるごみ全体のうち約 7 割を占めることがわかっている。仮定 [1] のごみの量に対する生活系ごみの量を，1 人が 1 日あたりに出すごみの量と仮定して，教科書 104 ページの問題の目標を達成するために削減するごみの量を推定せよ。

指針 仮定をもとにした推定 問題文が長く，やや題意をつかみにくいが，要約すれば，仮定 [1] の 900 g を $900 \times 0.7 = 630$ (g) におき換えたうえで，教科書 *p.*105 の解答例と同様の計算をすればよいことがわかる。

解答 1 人が 1 日あたりに出すごみの量は $900 \times 0.7 = 630$ (g)
と仮定できる。この仮定にもとづいて，全校生徒 600 人が 1 か月間に出すごみの総量を推定すると $0.63 \times 600 \times 30 = 11340$ (kg)
よって，目標を達成するために削減するごみの量は
$11340 \times 0.1 = \mathbf{1134}$ **(kg)** 答

練習 2 教 p.105

環境省の調査によると，47 都道府県のうち，2018 年度の 1 人 1 日あたりのごみの排出量の最大値は 1045 g，最小値は 811 g であった。このデータと練習 1 の仮定を参考に，1 人 1 日あたりの生活系ごみの量の最大値と最小値を適当に仮定し，教科書 104 ページの問題の目標を達成するために削減するごみの量の範囲を推定せよ。

指針 仮定をもとにした推定 教科書 *p.*105 の仮定 [1] を，1 日あたりの生活系ごみの最大値 (1045×0.7)，最小値 (811×0.7) にそれぞれおき換えて計算し，まず，削減するごみの総量の最大値，最小値をそれぞれ求める。

解答 1 人が 1 日あたりに出す生活系ごみの量について，
$1045 \times 0.7 = 731.5$ から，最大値を 730 g と仮定する。
$811 \times 0.7 = 567.7$ から，最小値を 570 g と仮定する。

この仮定にもとづいて，全校生徒 600 人が 1 か月間に出すごみの総量について，最大値と最小値を推定し，その 10%を求めると，次のようになる。

最大値について　　$0.73×600×30×0.1＝1314\,(\mathrm{kg})$

最小値について　　$0.57×600×30×0.1＝1026\,(\mathrm{kg})$

よって，目標を達成するために削減するごみの量の範囲は

1026 kg 以上 1314 kg 以下　答

B 利益の予測

練習 3

焼きそば 1 個の価格が 20 円上がると，販売数は 40 個減ると仮定する。また，焼きそば 1 個の価格が 200 円のときの販売数を 360 個と仮定する。このとき，焼きそば 1 個の価格を x 円，販売数を y 個として，y を x の式で表せ。

指針 **1 次関数の利用**　1 個の価格が 20 円上がると販売数は 40 個減るから，y は x の 1 次関数であり，変化の割合は $\dfrac{-40}{20}＝-2$ である。これと，$x＝200$ のとき $y＝360$ であることから式を求める。

解答　焼きそば 1 個の価格が 20 円上がると，販売数は 40 個減ると仮定するから，y は x の 1 次関数であり，その変化の割合は　　$\dfrac{-40}{20}＝-2$

よって，求める式は $y＝-2x+b$ とおける。$x＝200$ のとき $y＝360$ であるから

$$360＝-2×200+b \qquad b＝760$$

したがって　　$y＝-2x+760$　答

練習 4

練習 3 の仮定から求められる全体の利益を $f(x)$ 円とする。

(1) 焼きそば 1 個あたりの利益を x を用いて表せ。

(2) (1)と練習 3 の結果を用いて，$f(x)$ を x の式で表せ。

(3) 全体の利益 $f(x)$ が最大となるときの焼きそば 1 個の価格を求めよ。また，そのときの焼きそばの販売数を求めよ。

指針 **2 次関数の利用**

(1) (1 個あたりの価格)－(1 個あたりの費用)

(2) (全体の利益)＝(1 個あたりの利益)×(販売数)

(3) (2)で求めた 2 次関数の式 $f(x)$ を平方完成して，$f(x)$ が最大となるときの x の値 (焼きそば 1 個の価格) を求める。

解答 (1) 1個あたりの利益は，1個あたりの価格から1個あたりの費用50円を引いた金額であるから　**$x-50$ (円)**　圏

(2) 全体の利益 $f(x)$ は，(1個あたりの利益)×(販売数) であるから，(1)および練習3の結果から

$$f(x)=(x-50)(-2x+760)$$
$$=-2x^2+860x-38000 \quad 圏$$

> 2次関数の最大・最小は平方完成して求めよう。

(3) (2)より　$f(x)=-2x^2+860x-38000$
$$=-2(x^2-430x)-38000$$
$$=-2(x-215)^2+2\cdot215^2-38000$$
$$=-2(x-215)^2+54450$$

よって，$f(x)$ は $x=215$ で最大となる。

すなわち，全体の利益が最大となるときの焼きそば1個の価格は

215 円　圏

このときの焼きそばの販売数は　　$-2\times215+760=330$ (個)　圏

練習5　右の表を用いて，焼きそば1個の価格が200円未満の場合の利益について考察せよ。その際，練習3のような仮定を，自分で適当に設定してよい。

焼きそば1個の価格 (円)	販売数 (個)
190	420
180	439

指針 **関数の利用**　まず，焼きそば1個の価格を x 円として，練習3と同様に，販売数が x の1次関数となるように設定する。次に，練習4と同様にして，全体の利益を x の2次関数で表す。ここで，問題文より，$x<200$，すなわち $x\leqq199$ であることに注意する。

解答 (例)　焼きそば1個の価格が10円上がると，販売数は20個減ると仮定する。また，焼きそば1個の価格が180円のときの販売数を440個と仮定する。

このとき，焼きそば1個の価格を x 円，販売数を y 個とすると，y は x の1次関数であり，変化の割合は　$\dfrac{-20}{10}=-2$

よって，$y=-2x+b$ とおけ，$x=180$ のとき $y=440$ であるから

$$440=-2\times180+b \qquad b=800 \qquad したがって \qquad y=-2x+800$$

よって，全体の利益 $f(x)$ は

$$f(x)=(x-50)(-2x+800)=-2x^2+900x-40000$$
$$=-2(x^2-450x)-40000=-2(x-225)^2+2\cdot225^2-40000$$
$$=-2(x-225)^2+61250$$

x が $x<200$ の整数であるから，$f(x)$ は $x=199$ で最大となる。

すなわち，全体の利益が最大となるときの焼きそば1個の価格は
199 円　終

C 電球の使用時間と費用

教 p.108

練習 6　電球を 30 日だけ使用する場合，3 種類の電球それぞれについて，かかる費用を求めよ。また，その結果をもとに，どの電球を購入すればよいか答えよ。

指針 **電球の使用時間と費用**　使用時間の合計は $10 \times 30 = 300$ (時間) であるから，いずれも 1 個で済む。したがって，かかる費用はいずれについても
(1 個の値段) ＋ (1 日の電気代) ×30 で求められる。

解答 各電球は 1 日に 10 時間使用するから，30 日間では
$10 \times 30 = 300$ (時間) 使用する。
よって，どの電球を購入しても 1 個あれば 30 日間使用できる。
LED 電球を購入するときにかかる費用は
$1500 + 1.89 \times 30 = \mathbf{1556.7}$ (円)　答
電球型蛍光灯を購入するときにかかる費用は
$700 + 2.97 \times 30 = \mathbf{789.1}$ (円)　答
白熱電球を購入するときにかかる費用は
$200 + 16.20 \times 30 = \mathbf{686}$ (円)　答
したがって，白熱電球を使用するときにかかる費用が最も安いから，**白熱電球** を購入すればよい。　答

教 p.109

練習 7　電球型蛍光灯，LED 電球のそれぞれについて，使用時間と費用の関係を，使用時間が 6000 時間以下の場合についてグラフで表し，それらを白熱電球に関するグラフに重ねてかけ。

指針 **電球の使用時間と費用のグラフ**　それぞれの電球について，時間 x のときの費用を y として，y を x の式で表し，横軸を x 軸，縦軸を y 軸とみてグラフをかく。使用時間が 6000 時間以下であるから，どちらの電球についてもそれぞれ 1 つの式で表せる。

解答 時間 x のときの費用を y とし，横軸を x 軸，縦軸を y 軸とみる。

x の変域は $0<x\leqq6000$ …… ① である。

電球型蛍光灯のグラフは，① においては，傾きが $\dfrac{2.97}{10}=0.297$，y 切片が 700

の直線であり，

$y=0.297x+700$ と表される。
同じようにして，LED 電球の
グラフは，①においては直
線 $y=0.189x+1500$ となる。
したがって，2 つの電球の
グラフを白熱電球のグラフ
に重ねてかくと，右の図の
ようになる。

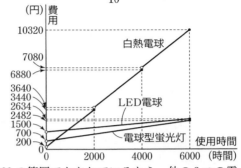

補足 白熱電球のグラフが $0<x\leqq6000$ の範囲でかかれているから，他の 2 つの電球のグラフについてもこれに揃えている。

教 p.109

練習 8

教科書 108 ページの問題について，次の問いに答えよ。
(1) 電球を 600 日使用する場合，どの電球を購入すればよいか答えよ。
(2) 電球の使用時間によって，どの電球を購入するのがよいかを考察せよ。

指針 グラフを利用した考察
(1) 使用時間は $10\times600=6000$ (時間) であるから，練習 7 でかいたグラフが利用できる。
(2) 練習 7 でかいたグラフに $x>6000$ の部分を補い，そのうえで，どの区間でどのグラフが最も下にあるかを確認するとよい。

解答 (1) 各電球は 1 日に 10 時間使用するから，600 日間では $10\times600=6000$ (時間) 使用する。
練習 7 でかいたグラフより，6000 時間における費用は，電球型蛍光灯が最も安い。
よって，電球型蛍光灯 を購入すればよい。 答

(2) 時間 x における LED 電球，電球型蛍光灯，白熱電球の費用をそれぞれ $f(x)$, $g(x)$, $h(x)$ とする。

横軸を x 軸，縦軸を y 軸とし，練習7のグラフに $x>6000$ の部分を少し補うと，右の図1のようになる。

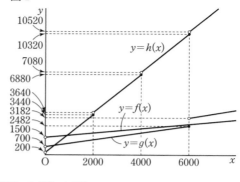

図1

この図から，$g(x)=h(x)$ となるのは $0<x<2000$ のときであり，このとき，$g(x)=0.297x+700$, $h(x)=1.620x+200$ である。

$g(x)=h(x)$ より $\quad 0.297x+700=1.620x+200$

これを解くと $\quad x=\dfrac{500}{1.323}≒378$

また，$x=6000$ の前後で $f(x)$ と $g(x)$ の大小関係が変わる。

ここで，図1のグラフの $x>6000$ の部分を $y=f(x)$ と $y=g(x)$ についてかくと，次の図2のようになる。

図2

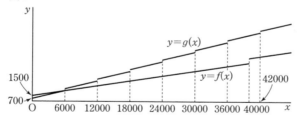

図1，図2から，$x>6000$ において $f(x)$, $g(x)$, $h(x)$ の大小関係は変わらないことがわかる。

以上から

$0<x≦378$ のとき $\qquad h(x)$ が最小

$378≦x≦6000$ のとき $\qquad g(x)$ が最小

$6000<x$ のとき $\qquad f(x)$ が最小

よって

378 時間以下使用するときは白熱電球，

378 時間以上 6000 時間以下使用するときは電球型蛍光灯，

6000 時間より長く使用するときは LED 電球

を購入するのがよい。 答

D シェアサイクル

練習 9　教 p.112

(1)　教科書 112 ページの例 1 から，1 日後の自転車の台数は，ポートAに 110 台，ポートBに 90 台である。この結果を用いて，2 日後のポートA，Bにある自転車の台数をそれぞれ求めよ。

(2)　3 日後のポートA，Bにある自転車の台数をそれぞれ求めよ。ただし，小数第 1 位を四捨五入せよ。また，4 日後についても同様に求めよ。

指針　自転車の台数の推移　1 日ごとの自転車の台数の推移を図に表すと右のようになる。

この図を参照しながら，2 日後，3 日後，4 日後の自転車の台数を順次計算すればよい。

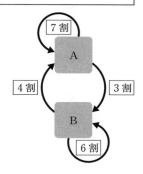

解答 (1)　AからAに移動する自転車は
　　　　$110 \times 0.7 = 77$ (台)
　　　　AからBに移動する自転車は
　　　　$110 \times 0.3 = 33$ (台)
　　　　BからAに移動する自転車は
　　　　$90 \times 0.4 = 36$ (台)
　　　　BからBに移動する自転車は　　$90 \times 0.6 = 54$ (台)
　　よって，2 日後の自転車の台数は次のようになる。
　　　　ポートA に　$77 + 36 = 113$ (台)，ポートB に　$33 + 54 = 87$ (台) 答

(2)　3 日後について
　　　　A→A　$113 \times 0.7 = 79.1 \fallingdotseq 79$ (台)　　A→B　$113 \times 0.3 = 33.9 \fallingdotseq 34$ (台)
　　　　B→A　$87 \times 0.4 = 34.8 \fallingdotseq 35$ (台)　　B→B　$87 \times 0.6 = 52.2 \fallingdotseq 52$ (台)
　　よって　　**ポートA に　$79 + 35 = 114$ (台)，ポートB に　$34 + 52 = 86$ (台)** 答

　　4 日後について
　　　　A→A　$114 \times 0.7 = 79.8 \fallingdotseq 80$ (台)　　A→B　$114 \times 0.3 = 34.2 \fallingdotseq 34$ (台)
　　　　B→A　$86 \times 0.4 = 34.4 \fallingdotseq 34$ (台)　　B→B　$86 \times 0.6 = 51.6 \fallingdotseq 52$ (台)
　　よって　　**ポートA に　$80 + 34 = 114$ (台)，ポートB に　$34 + 52 = 86$ (台)** 答

練習 10

(1) 実は，最初に準備する自転車の合計台数が 200 台であれば，ポート A，B の最初の台数を変えても，数日後には練習 9(2)で求めた値になる。このことを，ポート A，B に最初に準備する自転車の台数を適当に決めて確かめよ。

(2) これまでの結果から，自転車を全部で 200 台準備するとき，ポート A，B の最大収容台数はそれぞれ何台とすればよいか答えよ。

指針 最大収容台数の決定

(1) ポート A，B の最初の台数を適当に決めて，練習 9(1)，(2)と同様に計算を順次行い，何日後かのそれぞれの台数が練習 9(2)における 4 日後の台数「ポート A…114 台，ポート B…86 台」に近づくことを確認する。

(2) ポート A，B の最初の台数を 114 台，86 台に設定した場合を考えてみる。

解答 (1)(例) ポート A，B の最初の台数をそれぞれ 80 台，120 台とすると

1 日後について

A→A　$80 \times 0.7 = 56$ (台)　　A→B　$80 \times 0.3 = 24$ (台)

B→A　$120 \times 0.4 = 48$ (台)　　B→B　$120 \times 0.6 = 72$ (台)

よって　ポート A に　$56 + 48 = 104$ (台)，ポート B に　$24 + 72 = 96$ (台)

2 日後について

A→A　$104 \times 0.7 = 72.8 \fallingdotseq 73$ (台)　A→B　$104 \times 0.3 = 31.2 \fallingdotseq 31$ (台)

B→A　$96 \times 0.4 = 38.4 \fallingdotseq 38$ (台)　　B→B　$96 \times 0.6 = 57.6 \fallingdotseq 58$ (台)

よって　ポート A に　$73 + 38 = 111$ (台)，ポート B に　$31 + 58 = 89$ (台)

3 日後について

A→A　$111 \times 0.7 = 77.7 \fallingdotseq 78$ (台)　A→B　$111 \times 0.3 = 33.3 \fallingdotseq 33$ (台)

B→A　$89 \times 0.4 = 35.6 \fallingdotseq 36$ (台)　　B→B　$89 \times 0.6 = 53.4 \fallingdotseq 53$ (台)

よって　ポート A に　$78 + 36 = 114$ (台)，ポート B に　$33 + 53 = 86$ (台)

したがって，ポート A，B の最初の台数がそれぞれ 80 台，120 台の場合も，3 日後に練習 9(2)で求めた値になる。　**終**

(2) ポート A，B の最初の台数をそれぞれ 114 台，86 台とすれば，練習 9(2) の 3 日後の台数から 4 日後の台数を求める過程からわかるように，1 日後の台数も　　ポート A に　114 台，ポート B に　86 台

となると考えられる。以降も同様であると考えられるから，ポート A，B の最大収容台数はそれぞれ **114 台，86 台** にすればよいと考えられる。　**答**

補足 上記のように，各ポートの自転車の推移の収束値を最大収容台数とするのも 1 つの答えであるが，自転車が想定より多く返却された場合などを考慮し，たとえば上記の答えの台数を一定数増やして，「A：150 台，B：120 台」などを答えとすることも考えられる。

練習 11

ポート A, B に最初に準備する自転車の台数をそれぞれ a, b とする。また，ポート A, B の n 日後の自転車の台数をそれぞれ a_n, b_n とする。ただし，a_n, b_n は整数でない値をとってよいものとする。

(1) a_1, b_1 を a, b を用いてそれぞれ表せ。

(2) a_{n+1}, b_{n+1} は，a_n, b_n を用いて次のように表すことができる。空らんに当てはまる数値を答えよ。

$$a_{n+1}=\boxed{}a_n+\boxed{}b_n,\quad b_{n+1}=\boxed{}a_n+\boxed{}b_n$$

(3) $a=20$, $b=40$ として，a_3, b_3 を求めよ。

指針 **連立漸化式の立式**

(1)，(2)は右の推移図を参照しながら考えるとよい。

(3)は，(1)，(2)の結果を利用して，a, $b \to a_1$, $b_1 \to a_2$, $b_2 \to a_3$, b_3 と求めていけばよい。

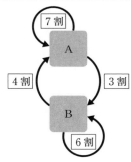

解答 (1) A から A に移動する自転車の台数は　　　$0.7a$

　　A から B に移動する自転車の台数は　　　$0.3a$

　　B から A に移動する自転車の台数は　　　$0.4b$

　　B から B に移動する自転車の台数は　　　$0.6b$

　　よって　$a_1=0.7a+0.4b,\quad b_1=0.3a+0.6b$　答

(2) (1)と同様に考えると　　$a_{n+1}=0.7a_n+0.4b_n,\quad b_{n+1}=0.3a_n+0.6b_n$

　　よって，順に　**0.7, 0.4, 0.3, 0.6**　答

(3) $a=20$, $b=40$ のとき

　　$a_1=0.7\times20+0.4\times40=14+16=30,\quad b_1=0.3\times20+0.6\times40=6+24=30$

　　$a_2=0.7\times30+0.4\times30=21+12=33,\quad b_2=0.3\times30+0.6\times30=9+18=27$

　　よって　$a_3=0.7\times33+0.4\times27=23.1+10.8=\mathbf{33.9}$　答

　　　　　$b_3=0.3\times33+0.6\times27=9.9+16.2=\mathbf{26.1}$　答

深める

練習 11 について，a, b の値や貸し出された自転車がそれぞれのポートに返却される割合を変化させたとき，n が大きくなるにつれて a_n, b_n の値がどのように変化するかを，練習 11(2)で考えた関係式やコンピュータなどを用いて考察してみよう。

3章　数学と社会生活

指針 **数列が近づく値**　まず，自転車が返却される割合を変化させた漸化式を作る。また，練習 9, 10 での考察から，$a+b$（最初に準備する自転車の台数）が一定であれば，a, b を変化させても a_n, b_n は一定値に近づくことが予想される。そこで，$a+b$ を一定値に設定したうえで，異なる a, b の値の組に対し，漸化式を利用して，$(a_1,\ b_1)$, $(a_2,\ b_2)$, $(a_3,\ b_3)$, …… の値の組を次々と求め，a_n, b_n が一定値に近づくことを示すとよい。

解答　（例）　練習 11 (1), (2)で考えた関係式について，貸し出された自転車がそれぞれのポートに返却される割合を変化させて，たとえば

$$a_1=0.8a+0.5b, \quad b_1=0.2a+0.5b$$
$$a_{n+1}=0.8a_n+0.5b_n, \quad b_{n+1}=0.2a_n+0.5b_n$$

という式を考える。この式において，n を大きくしたときに a_n, b_n が近づく値をコンピュータを用いて計算する。

たとえば，[1] $a=50$, $b=30$, [2] $a=20$, $b=60$ として，a_n, b_n の値を計算すると，次の表のようになる。

[1]　$a=50$, $b=30$ のとき

	a_n	b_n
$n=1$	55	25
$n=2$	56.5	23.5
$n=3$	56.95	23.05
$n=4$	57.085	22.915
$n=5$	57.1255	22.8745
$n=6$	57.13765	22.86235
$n=7$	57.14130	22.85871
$n=8$	57.14239	22.85761
$n=9$	57.14272	22.85728
$n=10$	57.14281	22.85719
⋮	⋮	⋮

[2]　$a=20$, $b=60$ のとき

	a_n	b_n
$n=1$	46	34
$n=2$	53.8	26.2
$n=3$	56.14	23.86
$n=4$	56.842	23.158
$n=5$	57.0526	22.9474
$n=6$	57.11578	22.88422
$n=7$	57.13473	22.86527
$n=8$	57.14042	22.85958
$n=9$	57.14213	22.85787
$n=10$	57.14264	22.85736
⋮	⋮	⋮

このように，最初に準備する自転車が同じ台数，すなわち $a+b$ が一定であれば，n が大きくなるにつれて，a, b の値によらず a_n, b_n はある一定の値に近づいていくことがわかる。　終

補足　$a+b$ の値を 80 に固定したうえで，自転車が返却される割合をさらに変化させた場合は，a, b の値によらず，やはり別の一定の値に近づいていく。

2 社会の中にある数学

まとめ

1 選挙における議席配分

議席を割り振る方法は，最大剰余方式やアダムズ方式などがある。

2 偏差値

試験の成績などを比較する場合は，**偏差値** が用いられることが多い。変量 x の平均値を $\overline{x}$，標準偏差を s_x とすれば，偏差値 z は次の式で計算される。

$$z = 10 \times \frac{x - \overline{x}}{s_x} + 50$$

このとき，$\overline{x}$ や s_x がどのような値であっても，z の平均値は 50，標準偏差は 10 となる。

3 トリム平均

データを値の大きさの順に並べたときに，データの両側から同じ個数だけ除外した後でとる平均のことを **トリム平均** または **調整平均** という。

データの両側から個数の x% ずつ除外した後でとる平均を **x% トリム平均**と呼ぶこともある。

A 選挙における議席配分

教 p.115

練習 12 教科書 114 ページの都市について，議席総数を 16 としたとき，各選挙区に最大剰余方式で議席を割り振れ。また，議席総数が 15 のときの結果と比べて，気づいたことを答えよ。

指針 **最大剰余方式による議席配分** 教科書 *p.*115 の前半と同様の作業を行えばよい。また，各選挙区の議席数が，議席総数が 15 のときの結果からどのように変化しているかを比べてみるとよい。

解答 総人口 140000 人を議席総数 16 で割った値 d は

$$d = \frac{140000}{16} \, (= 8750)$$

各選挙区の人口を d で割った値は

第 1 選挙区 $50000 \div d = 50000 \times \dfrac{16}{140000} = \dfrac{40}{7} = 5.714 \cdots\cdots$

第 2 選挙区 $35000 \div d = 35000 \times \dfrac{16}{140000} = 4$

第 3 選挙区 $32000 \div d = 32000 \times \dfrac{16}{140000} = \dfrac{128}{35} = 3.657 \cdots\cdots$

第 4 選挙区　$23000 \div d = 23000 \times \dfrac{16}{140000} = \dfrac{92}{35} = 2.628 \cdots\cdots$

となり，各値の小数点以下を切り捨てた値は 5，4，3，2 で，その和は 14 であるから，2 議席が余る。

各選挙区の人口を d で割った値について，切り捨てた値は順に 0.714 ……，0，0.657 ……，0.628 …… であるから，残りの 2 議席は第 1 選挙区と第 3 選挙区に割り振ればよい。

よって，各選挙区への議席数の割り振りは，順に

　　　　　6，4，4，2　　圏

また，議席総数が 15 のときの各選挙区への議席数の割り振りは順に 5，4，3，3 であり，これと比べると，たとえば次のようなことが分かる。

・議席総数を増やしたにもかかわらず，第 4 選挙区の議席数が減っている。
・議席総数が変わると，切り捨てた値の大きさが変わるため，残りの議席を割り振る選挙区も変わる。　　終

教 p.117

練習 13

(1)　教科書 114 ページの例について，議席総数を 16 としたとき，各選挙区にアダムズ方式で議席を割り振れ。

(2)　(1)や練習 12 の結果から，最大剰余方式とアダムズ方式を比較して気づいたことを答えよ。

指針　アダムズ方式による議席配分

(1)　教科書 p.116〜117 と同様の作業を行えばよい。議席総数が 16 であるから，練習 12 において計算した結果を利用するとよい。

(2)　議席総数が 15 から 16 になったとき，それぞれの方式で各選挙区の議席数がどのように変化しているかに着目するとよい。

解答　(1)　①　総人口を議席総数で割ると　　$d = \dfrac{140000}{16}\ (=8750)$

　　　　②　各選挙区の人口をそれぞれ d で割ると
　　　　　　第 1 選挙区　5.714 ……　　第 2 選挙区　4
　　　　　　第 3 選挙区　3.657 ……　　第 4 選挙区　2.628 ……
　　　　　　小数点以下を切り上げて整数にすると
　　　　　　第 1 選挙区　6　　　　　　第 2 選挙区　4
　　　　　　第 3 選挙区　4　　　　　　第 4 選挙区　3

　　　　③　②の結果，議席数の合計は 17 となり議席総数より多くなってしまう。
　　　　　　そこで，$d' = 10000$ として再度手順②の計算を行うと
　　　　　　第 1 選挙区　$50000 \div d' = 5$
　　　　　　第 2 選挙区　$35000 \div d' = 3.5$

第 3 選挙区　　$32000 \div d' = 3.2$

第 4 選挙区　　$23000 \div d' = 2.3$

この計算結果の小数点以下を切り上げて整数にすると

第 1 選挙区　5　　　　　　第 2 選挙区　　4

第 3 選挙区　4　　　　　　第 4 選挙区　　3

④　これらの値の合計は 16 となるから，これらの値を議席数とすれば
よい。　　終

(2)（例）　アダムズ方式では，議席総数が 15 から 16 に増加したときに第 3 選
挙区の議席数が 1 増加している。

これに対し，最大剰余方式では，議席総数が 15 から 16 に増加したと
きに第 4 選挙区の議席数が 1 減少している。この点から，最大剰余方
式よりアダムズ方式の方が妥当性が高いと考えられる。　　終

深める　議席を割り振る方法を他にも調べ，それぞれの方法を比較してみよ
う。　　教 p.117

解答　（例 1）　「ジェファーソン方式」

ジェファーソン方式では，アダムズ方式の手順②において，各選挙区の人口
を d で割った値が整数でない場合は小数点以下を切り捨てて整数にする。

たとえば，教科書 *p.*114 の問題について，各選挙区の人口を

$d = \dfrac{140000}{15} (= 9333.33 \cdots\cdots)$ で割った値は次の通りであった。

第 1 選挙区　5.357……　　第 2 選挙区　3.75

第 3 選挙区　3.428……　　第 4 選挙区　2.464……

よって，各値の小数点以下を切り捨てた値は 5，3，3，2 で，その和は 13 で
あり，これは議席総数 15 と異なる。

そこで，$d' = 8300$ とすると，各選挙区の人口を d' で割った値は

第 1 選挙区　　$50000 \div d' = \dfrac{500}{83} = 6.024 \cdots\cdots$

第 2 選挙区　　$35000 \div d' = \dfrac{350}{83} = 4.216 \cdots\cdots$

第 3 選挙区　　$32000 \div d' = \dfrac{320}{83} = 3.855 \cdots\cdots$

第 4 選挙区　　$23000 \div d' = \dfrac{230}{83} = 2.771 \cdots\cdots$

ここで，各値の小数点以下を切り捨てた値は 6，4，3，2 で，その和は議席総
数 15 と一致する。したがって，これらを議席数とすればよい。

（例2） 「ウェブスター方式」

ウェブスター方式では，アダムズ方式の手順②において，各選挙区の人口を d で割った値が整数でない場合は小数第1位を四捨五入して整数にする。

たとえば，教科書 *p.*114 の問題について，各選挙区の人口を

$d = \dfrac{140000}{15}$（$=9333.33\cdots\cdots$）で割った値の小数第1位を四捨五入した値は 5, 4, 3, 2 で，その和は 14 であり，これは議席総数 15 と異なる。

そこで $d' = 9200$ とすると，各選挙区の人口を d' で割った値は

第1選挙区　$50000 \div d' = \dfrac{125}{23} = 5.434 \cdots\cdots$

第2選挙区　$35000 \div d' = \dfrac{175}{46} = 3.804 \cdots\cdots$

第3選挙区　$32000 \div d' = \dfrac{80}{23} = 3.478 \cdots\cdots$

第4選挙区　$23000 \div d' = \dfrac{5}{2} = 2.5$

ここで，各値の小数第1位を四捨五入した値は 5, 4, 3, 3 で，その和は議席総数 15 と一致する。したがって，これらを議席数とすればよい。

（例3） 「ドント方式」

次の手順で議席を割り振る。

①　各選挙区の人口を 1, 2, 3, …… で割っていく。

②　各選挙区のそれぞれの商のうち，大きいものから順に議席数と同じ数だけ選ぶ。

③　各選挙区に対して，選んだ数の個数を議席として割り振る。

たとえば，教科書 *p.*114 の問題について，各選挙区の人口を 1, 2, 3, …… で割った商のうち，大きいものから順に 15 個の数を選ぶと，順に次の表の [1]～[15] のようになる。

選挙区 割る数	第1選挙区 (50000)	第2選挙区 (35000)	第3選挙区 (32000)	第4選挙区 (23000)
1	50000 [1]	35000 [2]	32000 [3]	23000 [5]
2	25000 [4]	17500 [6]	16000 [8]	11500 [11]
3	16666 [7]	11666 [10]	10666 [12]	7666
4	12500 [9]	8750 [14]	8000	5750
5	10000 [13]	7000	6400	4600
6	8333 [15]	5833	5333	3833

各選挙区について，[1]～[15] の数は順に 6 個，4 個，3 個，2 個であるから，各選挙区への議席数の割り振りは順に 6, 4, 3, 2 となる。

以上より，それぞれの方法を比較すると，最大剰余方式は 1 回の作業で議席

数を決定でき，計算量も最も少ない。ドント方式も 1 回の作業で議席数を決定できるが，計算量が多くなる。アダムズ方式，ジェファーソン方式，ウェブスター方式では，選挙区の人口を割る作業を複数回行わなければならない場合が多いことから，やはり計算量が多くなる。　終

参考 教科書 p.114 の問題について，総議席数を 16 とするとき，(例 1)〜(例 3)の 3 つの方式で議席を割り振ると，次のようになる。

ジェファーソン方式　　順に 6, 4, 4, 2 （$d'=8000$ とする）
ウェブスター方式　　　順に 5, 4, 4, 3 （$d'=9100$ とする）
ドント方式　　　　　　順に 6, 4, 4, 2

なお，ジェファーソン方式とドント方式については結果が一致することが知られている。

B 偏差値

練習 14 変量 y のデータは次の n 個の値である。
$$y_1=ax_1+b, \quad y_2=ax_2+b, \quad \cdots\cdots, \quad y_n=ax_n+b$$
新しい変量 y について，変量 y の平均値 $\overline{y}$，分散 $s_y{}^2$，標準偏差 s_y がそれぞれ次のようになることを示せ。
$$\overline{y}=a\overline{x}+b,$$
$$s_y{}^2=a^2 s_x{}^2, \quad s_y=|a|s_x$$

> 平均値 = データの値の総和／データの大きさ
> 偏差 = データの値 − 平均値
> 分散 = 偏差の 2 乗の平均値
> 　　 = 偏差の 2 乗の総和／データの大きさ
> 標準偏差 = √分散

指針 **変換された変量の平均，分散，標準偏差**

$y_k=ax_k+b\,(k=1, 2, \cdots\cdots, n)$ を用いて
$$\overline{y}=\frac{1}{n}(y_1+y_2+\cdots\cdots+y_n)$$
$$s_y{}^2=\frac{1}{n}\{(y_1-\overline{y})^2+(y_2-\overline{y})^2+\cdots\cdots+(y_n-\overline{y})^2\}$$
をそれぞれ変形する。

解答
$$\overline{y}=\frac{1}{n}(y_1+y_2+\cdots\cdots+y_n)$$
$$=\frac{1}{n}\{(ax_1+b)+(ax_2+b)+\cdots\cdots+(ax_n+b)\}$$
$$=\frac{1}{n}\{a(x_1+x_2+\cdots\cdots+x_n)+nb\}$$
$$=a\cdot\frac{1}{n}(x_1+x_2+\cdots\cdots+x_n)+b=a\cdot\overline{x}+b$$

よって　　$\overline{y}=a\overline{x}+b$　終

また，$y_k-\overline{y}=ax_k+b-(a\overline{x}+b)=a(x_k-\overline{x})$　$(k=1,\ 2,\ \cdots\cdots,\ n)$ であるから

$$s_y{}^2=\frac{1}{n}\{(y_1-\overline{y})^2+(y_2-\overline{y})^2+\cdots\cdots+(y_n-\overline{y})^2\}$$

$$=\frac{1}{n}\{a^2(x_1-\overline{x})^2+a^2(x_2-\overline{x})^2+\cdots\cdots+a^2(x_n-\overline{x})^2\}$$

$$=a^2\cdot\frac{1}{n}\{(x_1-\overline{x})^2+(x_2-\overline{x})^2+\cdots\cdots+(x_n-\overline{x})^2\}=a^2\cdot s_x{}^2$$

よって　　　$s_y{}^2=a^2 s_x{}^2$　終

したがって　　　$s_y=\sqrt{a^2 s_x{}^2}=|a|s_x$　終

練習 15　教 p.119

練習 14 の式を用いて，偏差値 $z=10\times\dfrac{x-\overline{x}}{s_x}+50$ の平均値が 50，標準偏差が 10 となることを示せ。

指針　**偏差値の平均値，標準偏差**　$z=\dfrac{10}{s_x}x-\dfrac{10\overline{x}}{s_x}+50$ と変形し，練習 14 の式で

$a=\dfrac{10}{s_x}$，$b=-\dfrac{10\overline{x}}{s_x}+50$ とみて計算する。

解答　$z=\dfrac{10}{s_x}x-\dfrac{10\overline{x}}{s_x}+50$ であるから，z の平均値 $\overline{z}$ は

$$\overline{z}=\frac{10}{s_x}\overline{x}-\frac{10\overline{x}}{s_x}+50=50 \quad 終$$

z の分散 $s_z{}^2$ は　　　$s_z{}^2=\left(\dfrac{10}{s_x}\right)^2 s_x{}^2=100$

よって，z の標準偏差 s_z は　　　$s_z=\sqrt{100}=10$　終

練習 16　教 p.119

ある学年で行われた国語と数学の試験の得点のデータについて，右の表のような結果が得られたとする。B さんの国語と数学の得点がそれぞれ 50 点，70 点であったとき，どちらの教科が全体における相対的な順位が高いと考えられるか。

	国語	数学
平均値	40	60
標準偏差	10	20

指針　**偏差値を用いた成績の比較**　2 つの教科の偏差値をそれぞれ計算する。偏差値が高い方の教科が全体における相対的な順位が高いといえる。

解答　B さんの国語と数学の偏差値は次のようになる。

国語：$10\times\dfrac{50-40}{10}+50=60$，　数学：$10\times\dfrac{70-60}{20}+50=55$

よって，国語の方が相対的な順位が高い と考えられる。　答

C スポーツの採点競技

> **練習 17**
> ある合唱コンクールでは，10 人の審査員による採点が行われる。次の表は，3 つの合唱団 A，B，C の採点結果である。20 %トリム平均が最も高い合唱団が優勝する場合，どの合唱団が優勝するか答えよ。
>
> | | ① | ② | ③ | ④ | ⑤ | ⑥ | ⑦ | ⑧ | ⑨ | ⑩ |
> |---|---|---|---|---|---|---|---|---|---|---|
> | A | 4 | 5 | 4 | 5 | 4 | 7 | 4 | 10 | 4 | 8 |
> | B | 3 | 5 | 8 | 3 | 8 | 3 | 3 | 9 | 8 | 5 |
> | C | 1 | 7 | 6 | 6 | 5 | 5 | 6 | 6 | 7 | 6 |
>
> （単位は点）

指針 **トリム平均の利用**　まず，それぞれの採点結果を高い順に並べる。20 %トリム平均を求めるから，両側から 20 %ずつ，すなわち，2 つずつを除外した残り 6 つの値の平均を求めればよい。

解答 A，B，C の採点結果を高い順に並べると次のようになる。

A　10, 8, 7, 5, 5, 4, 4, 4, 4, 4
B　 9, 8, 8, 8, 5, 5, 3, 3, 3, 3
C　 7, 7, 6, 6, 6, 6, 6, 5, 5, 1

両側から 20 %ずつ，すなわち，2 つずつを除外した残りの 6 つの値の平均はそれぞれ

A　$\dfrac{7+5+5+4+4+4}{6}=4.83\cdots$

B　$\dfrac{8+8+5+5+3+3}{6}=5.33\cdots$

C　$\dfrac{6+6+6+6+6+5}{6}=5.83\cdots$

よって，**C** が優勝する。　答

3 変化をとらえる　〜移動平均〜

1　時系列データと移動平均

1つの項目について，時間に沿って集めたデータを **時系列データ** という。

時系列データに対して，各時点のデータを，その時点を含む過去の n 個のデータの平均値でおき換えたものを **移動平均** という。

たとえば，その年を含めて過去5年のデータ，すなわち5年分の平均値をとる移動平均を5年移動平均という。

移動平均を用いると，データの激しい変動がおさえられ，変化の傾向を大まかにとらえることができる。

2　移動平均のグラフ

移動平均のグラフは，大まかな変化の傾向をとらえやすくなる一方で，特徴的な変化や局所的な極端な変化が見えなくなる場合もある。

A 移動平均

教 p.124

練習 18　教科書124ページの表は，1971年から2020年までの50年間について，東京の8月の平均気温をまとめたものである。このデータについて，5年移動平均を求め，もとの気温のグラフとあわせて折れ線グラフに表してみよう。

指針 移動平均とグラフ　5年移動平均については

(1971年〜1975年の平均)→1975年，(1972年〜1976年の平均)→1976年，

……，(2016年〜2020年の平均)→2020年のように対応させる。移動平均のグラフは，教科書 p.124 のグラフと同様に，1975年から始まることになる。

解答

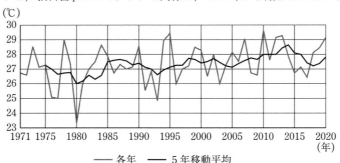

―― 各年　―― 5年移動平均

B 移動平均のグラフ

練習 19
次の①～④の文章は移動平均について述べた文章である。これらの文章のうち，正しいものを1つ選べ。

① 時系列データの折れ線グラフが変動の小さいグラフであれば，その移動平均を表す折れ線グラフも変動の小さいグラフである。

② 時系列データの折れ線グラフが変動の激しいグラフであれば，その移動平均を表す折れ線グラフも変動の激しいグラフである。

③ 移動平均を表す折れ線グラフが変動の小さいグラフであれば，もとの時系列データの折れ線グラフも変動の小さいグラフである。

④ 移動平均が常に増加している期間は，もとのデータの値も常に増加している。

指針 **もとの折れ線グラフと移動平均のグラフの関係**
移動平均の折れ線グラフはもとの時系列データの折れ線グラフよりも変化のしかたがおだやかになり，もとの時系列データに激しい変化があっても，それが反映しにくくなっていることなどを念頭において考えるとよい。

解答 ① もとの時系列データの最大値を M，最小値を m とおくと，
$m \leqq$（移動平均）$\leqq M$ が成り立つ。したがって，もとの時系列データの変動が小さければ，移動平均の変動も小さくなる。よって，正しい。

② もとの時系列データの変動が激しくても，たとえば，周期的に激しく変動するデータである場合は，その周期と同じ期間の移動平均の変動は激しくならない。
よって，正しくない。

③ ②と③は互いに対偶の関係にあるから，真偽は一致する。よって，②が正しくないから，③も正しくない。

④ 時系列データが常に増加していない場合でも，移動平均を取る期間のデータの総和が増加していれば，移動平均は増加する。
したがって，移動平均が増加していても，もとの時系列データが常に増加しているとは限らない。よって，正しくない。

以上より，正しいものは　　①　答

4 変化をとらえる 〜回帰分析〜

1 回帰直線・回帰分析

2つの変量 x, y の関係が最もよく当てはまると考えられる1次関数が $y=ax+b$ であるとき，直線 $y=ax+b$ を **回帰直線** という。

2つの変量の関係を関数で表す方法を **回帰分析** という。

[参考] 回帰直線の式の定め方はいくつかある。

2 変量 x, y の関係を近似する関数

2つの変量 x と y の関係を近似的に関数で表す場合，1次関数が最も適するとは限らず，2次関数や他の関数を用いる方がよい場合もある。

3 対数目盛

範囲が大きいデータをグラフや図に表すときには，目盛を対数目盛にすると分析しやすくなる場合がある。

A 回帰分析

練習 20 教 p.128

教科書 128 ページの散布図から，平均気温とアイスクリーム・シャーベットの支出額の関係について，どのようなことがいえるか説明せよ。

指針 **散布図の読みとり** 一方が増加すると他方も増加する傾向がみられることから考える。

解答 (例) 散布図から，平均気温が高くなるほど，アイスクリーム・シャーベットの支出額が高くなる傾向がみられる。

したがって，平均気温とアイスクリーム・シャーベットの支出額の間には，正の相関があると考えられる。 終

練習 21 教 p.129

東京において，平均気温が 22.0℃である月の1世帯あたりのアイスクリーム・シャーベットの支出額を，回帰直線を利用して予測せよ。ただし，小数第1位を四捨五入して答えよ。

指針 **回帰直線を用いた予測** 教科書 p.129 から，平均気温を x℃，アイスクリーム・シャーベットの支出額を y 円とするとき，回帰直線の式は $y=36.43x+191.72$ である。よって，この式に $x=22.0$ を代入すればよい。

解答 回帰直線の式 $y=36.43x+191.72$ に $x=22.0$ を代入して

$y=36.43\times22.0+191.72=993.18$

したがって，1世帯あたりのアイスクリーム・シャーベットの支出額は **およそ 993 円** と予測される。 **答**

B 変量 x, y の関係を近似する関数

練習22　教科書 130 ページの速度と空走距離，速度と停止距離について，散布図をかいて，それぞれ 2 つの変量の関係を分析してみよう。(問題文の図は省略)

指針 **変量 x, y の関係を近似する関数**　散布図をかき，データが直線的に並んでいるか，そうでないかに着目するとよい。

解答　速度と空走距離の散布図，速度と停止距離の散布図はそれぞれ図 1，図 2 のようになる。

図 1

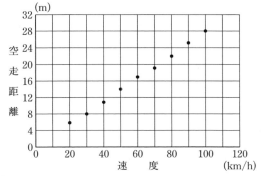

図 2

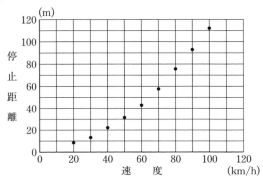

(分析の例)

図 1 の散布図の点は，1 つの直線の近くに分布しているようにみえる。よって，

2つの変量の関係を近似的に関数で表す場合，1次関数が適していると考えられる。

図2の散布図の点は，1つの放物線の近くに分布しているようにみえる。よって，2つの変量の関係を近似的に関数で表す場合，2次関数が適していると考えられる。　　終

注意 教科書においては散布図をかくための図が1つしか示されていないが，空走距離の方は，示された図の縦軸のスケールと比べると変化が小刻みであり，点がとりづらいため，図1，図2のように別々の図で示している。

参考 2つの散布図について，それぞれ近似する関数を求めると，たとえば次のように求められる。

速度と空走距離　　$y = 0.2767x + 0.0667$

速度と停止距離　　$y = 0.0102x^2 + 0.0803x + 2.7476$　……①

変量 x，y の関係がある曲線によって近似されるとき，この曲線を回帰曲線という。たとえば，上の①が表す放物線は回帰曲線であるといえる。

C 対数目盛

教 p.133

練習 23 下の表の公転周期 T と軌道長半径 a について，散布図をかけ。また，その散布図から気づいたことを述べよ。ただし，目盛は縦軸も横軸も対数目盛を用い，必要があればコンピュータなどの情報機器を用いてもよい。

	水星	金星	地球	火星	木星	土星	天王星	海王星
T	0.241	0.615	1.00	1.88	11.9	29.5	84.0	165
a	0.387	0.723	1.00	1.52	5.20	9.55	19.2	30.1

指針 **対数目盛の利用** まず，各惑星について $\log_{10} T$，$\log_{10} a$ の値を求め，横軸も縦軸も対数目盛にした散布図上に点をプロットする。また，$x = \log_{10} T$，$y = \log_{10} a$ とおき，散布図上での点の並び方を考慮して，x，y の間にどんな関係が成り立つかを考える。

解答 上の表の各惑星の公転周期 T と軌道長半径 a について，$\log_{10} T$，$\log_{10} a$ の値を求めると，次の表のようになる。

	水星	金星	地球	火星	木星
$\log_{10} T$	-0.6180	-0.2111	0	0.2742	1.0755
$\log_{10} a$	-0.4123	-0.1409	0	0.1818	0.7160

土星	天王星	海王星
1.4698	1.9243	2.2175
0.9800	1.2833	1.4786

これらに対応する点を横軸も縦軸も対数目盛にした散布図に表す。

点 $(\log_{10} T, \log_{10} a)$ は散布図の点 $(1, 1)$ を原点 $(0, 0)$ とし，10^1，10^2，……の目盛りを 1，2，……とした通常の座標平面上の点であるから，下図のようになる。

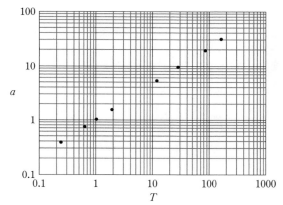

この散布図の点は 1 つの直線上に分布しているようにみえる。

ここで，$x = \log_{10} T$，$y = \log_{10} a$ とおき，地球以外の惑星について，$\dfrac{y}{x}$ の値，すなわち $\dfrac{\log_{10} a}{\log_{10} T}$ の値を求めれば，いずれも $0.66\cdots$ となるから，x と y の関係はほぼ $y = \dfrac{2}{3} x$ で近似できる。

このとき，$\log_{10} a = \dfrac{2}{3} \log_{10} T$ より

$$3 \log_{10} a = 2 \log_{10} T$$

すなわち　　$\log_{10} a^3 = \log_{10} T^2$

したがって，T，a は，$a^3 = T^2$ という関係を満たしていることがわかる。　終

$r \log_a b = \log_a b^r$ だったね。

参考　上の関係はケプラーの第 3 法則とよばれる。

$\log_{10} T$ や $\log_{10} a$ の値は計算機やコンピュータを用いて計算してもよいが，常用対数表を用いても計算できる。たとえば，次のようになる。

$\log_{10} 2.41 = 0.3820$　（常用対数表より）

$\log_{10} 0.241 = \log_{10} (2.41 \times 10^{-1}) = \log_{10} 2.41 + \log_{10} 10^{-1}$

$= 0.3820 - 1 = -0.6180$

$\log_{10} 1.65 = 0.2175$　（常用対数表より）

$\log_{10} 165 = \log_{10} (1.65 \times 10^2) = \log_{10} 1.65 + \log_{10} 10^2$

$= 0.2175 + 2 = 2.2175$

総合問題

1 ※問題文は，教科書 135 ページを参照

指針 **数列の和の最小**

(1) S_n の式を平方完成する。

(2) $a_1=S_1$，$a_n=S_n-S_{n-1}$ $(n\geqq2)$ であることを利用する。また，理由の説明については，$a_n<0$ であるとき，n の増加にともなって S_n の値はどのように変化するのかに着目して考えるとよい。

解答 (1) $S_n=3n^2-70n=3\left(n^2-\dfrac{70}{3}n\right)$

$\qquad =3\left(n-\dfrac{35}{3}\right)^2-3\cdot\left(\dfrac{35}{3}\right)^2=3\left(n-\dfrac{35}{3}\right)^2-\dfrac{1225}{3}$

$\dfrac{35}{3}$ に最も近い自然数は 12 であるから，S_n が最小になるときの自然数 n は

$\boldsymbol{n=12}$ 答

(2) 初項 a_1 は

$\qquad a_1=S_1=3\cdot1^2-70\cdot1=-67$ ・・・・・・ ①

$n\geqq2$ のとき

$\qquad a_n=S_n-S_{n-1}$

$\qquad\quad =(3n^2-70n)-\{3(n-1)^2-70(n-1)\}$

すなわち $\quad a_n=6n-73$

①より $a_1=-67$ であるから，この式は $n=1$ のときにも成り立つ。

したがって，一般項は $\quad \boldsymbol{a_n=6n-73}$ 答

$a_n<0$ とすると，$6n-73<0$ より

$\qquad n<\dfrac{73}{6}=12.1\cdots\cdots$

よって，$a_n<0$ を満たす最大の自然数は $n=12$ であり，(1)で求めた n と一致する。 終

(理由)

上の結果より，$n\leqq12$ では $a_n<0$，$n\geqq13$ では $a_n>0$ となるから，初項から第 n 項までの和 S_n は，$n\leqq12$ においては減少し，$n\geqq13$ においては増加する。したがって，S_n が最小になるのは $n=12$ のときになる。

すなわち，$a_n<0$ を満たす最大の自然数 n と，S_n が最小になるときの自然数 n は一致する。 終

2 ※問題文は，教科書 135 ページを参照

指針 $\displaystyle\sum_{k=1}^{n}k^2=\dfrac{1}{6}n(n+1)(2n+1)$ **の証明**

(1) [2] 各段の左から 1 番目の数は常に n である。また，各段の数は右に 1

つ行くごとに 1 減る。

[3] 各段の左から 1 番目の数は次のようになっている。

$$n, \quad n-1, \quad n-2, \quad \cdots\cdots, \quad n-(i-1), \quad \cdots\cdots$$
1 段目　2 段目　3 段目　　　　　　 i 段目

また，各段の数は右に 1 つ行くごとに 1 増える。

(2) (1)より，同じ位置にある 3 つの数の和は一定値 s であるから，

(3 つの三角形に含まれる数の総和)
　　　　＝$s\times$(1 つの三角形に含まれる数の個数)

が成り立つ。

解答 (1) [1] 上から i 段目の数はすべて i であるから　**i**　答

[2] 上から i 段目の左から 1 番目の数は n であり，右に 1 つ行くごとに 1 減るから，上から i 段目，左から j 番目の数は

$$n-(j-1)=\boldsymbol{n-j+1}　答$$

[3] 上から i 段目の左から 1 番目の数は $n-(i-1)$ であり，右に 1 つ行くごとに 1 増えるから，上から i 段目，左から j 番目の数は

$$n-(i-1)+(j-1)=\boldsymbol{n-i+j}　答$$

以上から，3 つの数の和 s は

$$s=i+(n-j+1)+(n-i+j)=\boldsymbol{2n+1}　答$$

(2) (1)より，3 つの三角形について，上から i 段目，左から j 番目の数の和 s は，その位置によらず $2n+1$ となる。

また，上から i 段目には i 個の数があるから，1 つの三角形の中に含まれる数の個数は

$$\sum_{i=1}^{n} i=\frac{1}{2}n(n+1)$$

よって，3 つの三角形の中に含まれるすべての数の和は

$$s\times\frac{1}{2}n(n+1)$$

一方，1 つの三角形の中に含まれる数の和は S_n で表されるから，3 つの三角形の中に含まれるすべての数の和は $3S_n$ である。

したがって　$3S_n=s\times\frac{1}{2}n(n+1)$　……①

答　$\dfrac{1}{2}n(n+1)$

(3) ①に(1)の結果を利用すると

$$S_n=\frac{1}{3}\times s\times\frac{1}{2}n(n+1)=\frac{1}{3}\times(2n+1)\times\frac{1}{2}n(n+1)$$
$$=\frac{1}{6}n(n+1)(2n+1)$$

したがって

$$1^2+2^2+3^2+\cdots\cdots+n^2=\frac{1}{6}n(n+1)(2n+1)\quad \boxed{答}$$

3 ※問題文は，教科書 136 ページを参照

指針 **正規分布の利用，母平均の推定**

品物の定価合計を確率変数 X として考える。

(1) X を $N(0,\ 1)$ に従う確率変数 Z に変換し，$P(X\leqq5200)$ に対応する確率を求める。

(2) 標本平均を $\overline{X}$，標本の標準偏差を S，標本の大きさを n とすると，母平均に対する信頼度 95 ％の信頼区間は

$$\left[\overline{X}-1.96\cdot\frac{S}{\sqrt{n}},\ \overline{X}+1.96\cdot\frac{S}{\sqrt{n}}\right]$$

(3) 信頼区間の幅とは，区間の両端の値の差であり，$2\times1.96\cdot\frac{S}{\sqrt{n}}$ となる。

解答 品物の定価合計を X 円とする。

(1) 確率変数 X が正規分布 $N(5600,\ 400^2)$ に従うとき，

$Z=\dfrac{X-5600}{400}$ は標準正規分布 $N(0,\ 1)$ に従う。

$X=5200$ のとき，$Z=\dfrac{5200-5600}{400}=-1$ であるから，

求める確率は
$$P(X\leqq5200)=P(Z\leqq-1)=0.5-p(1)$$
$$=0.5-0.3413=\mathbf{0.1587}\quad\boxed{答}$$

(2) 標本の平均値は $\overline{X}=5600$，標本の標準偏差は $S=400$，標本の大きさは $n=100$ であるから

$$1.96\cdot\frac{S}{\sqrt{n}}=1.96\cdot\frac{400}{\sqrt{100}}\fallingdotseq78$$

よって，求める信頼区間は

$$[5600-78,\ 5600+78]$$

すなわち **[5522, 5678]** ただし，単位は円 $\boxed{答}$

(3) 標本の大きさを n とすると，信頼度 95 ％の信頼区間の幅は

$$2\times1.96\cdot\frac{400}{\sqrt{n}}$$

$2\times1.96\cdot\dfrac{400}{\sqrt{n}}\leqq100$ より $\sqrt{n}\geqq15.68$

よって $n\geqq245.8624$

したがって，**246 個以上** 調査すればよい。 $\boxed{答}$

4 ※問題文は，教科書 136 ページを参照

指針 **仮説検定の応用**

(1) A が勝つ確率を *p* とすると，判断したい主張は「*p*>0.5」と表されるから，片側検定を行う。A が勝つ回数を *X* とし，これが有意水準 5 % の片側検定の棄却域に入るような最小の *X* の値を求める。

(2) 判断したいことは，「B より A の方が強いといえるか」であり，「A と B に力の差があるといえるか」ではないから，① と ② は該当しない。よって，③ か ④ に絞られることになる。

解答 (1) A が勝つ確率を *p* とする。

B より A の方が強ければ，*p*>0.5 である。

ここで，「A と B には力の差がない」，すなわち *p*=0.5 という仮説を立てる。この仮説が正しいとすると，50 試合のうち A が勝つ回数 *X* は二項分布 $B(50,\ 0.5)$ に従う。*X* の期待値 *m* と標準偏差 σ は

$$m=50\times 0.5=25, \qquad \sigma=\sqrt{50\times 0.5\times 0.5}=\frac{5\sqrt{2}}{2}$$

よって，$Z=\dfrac{X-25}{\frac{5\sqrt{2}}{2}}$ は近似的に標準正規分布 $N(0,\ 1)$ に従う。

正規分布表より $P(0\leqq Z\leqq 1.64)=0.45$ であるから，有意水準 5 % の棄却域は

$$Z\geqq 1.64$$

よって，$\dfrac{X-25}{\frac{5\sqrt{2}}{2}}\geqq 1.64$ …… ① のとき，仮説は棄却され，B より A の方が強いと判断できる。

①を解くと $X\geqq 30.7$ ……

したがって，B より A の方が強いと判断できるのは，**A が 31 勝以上** の場合である。 答

(2) 判断したいことは「A と B に力の差はあるか」ではないから，①，② は不適である。次に，(1)より，B より A の方が強いと判断できるのは A が 31 勝以上の場合であるから，対戦成績が A の 28 勝 22 敗であるときの有意水準 5 % で検定した結果は，

「B より A の方が強いとは判断できない」となる。

よって ④ 答

第1章 数列

1 数列と一般項

1 次のような数列の一般項 a_n を，n の式で表せ。

(1) 6 から順に 6 の倍数が並ぶ数列

$$6, \ 12, \ 18, \ 24, \ \cdots\cdots$$

(2) 5 の倍数 5，10，15，20，…… の数列で符号を交互に変えた数列

$$-5, \ 10, \ -15, \ 20, \ \cdots\cdots \qquad \text{▶▶ ⑳ p.9 練習3}$$

2 等差数列

2 次のような等差数列 $\{a_n\}$ の一般項を求めよ。また，第 10 項を求めよ。

(1) 初項 5，公差 7　　　　　　　(2) 初項 3，公差 -6

(3) 13，6，-1，-8，……　　　　　　　▶▶ ⑳ p.11 練習6

3 次のような等差数列 $\{a_n\}$ の一般項を求めよ。

(1) 第 3 項が 44，第 8 項が 29　　(2) 第 15 項が 22，第 45 項が 112

(3) 公差が 5，第 10 項が 50　　(4) 初項が 100，第 7 項が 64

▶▶ ⑳ p.11 練習7

4 初項 9，公差 7 の等差数列 $\{a_n\}$ について，次の問いに答えよ。

(1) 128 は第何項か。　　(2) 初めて 350 を超えるのは第何項か。

▶▶ ⑳ p.12 練習8

5 次の数列が等差数列であるとき，x の値を求めよ。

(1) 7，x，-5，……　　　(2) $\dfrac{1}{2}$，$\dfrac{1}{x}$，$\dfrac{1}{3}$，……　　　▶▶ ⑳ p.12 練習9

3 等差数列の和

6 初項 1，公差 6 の等差数列の初項から第 n 項までの和 S_n を求めよ。

▶▶ ⑳ p.14 練習12

7 次の等差数列の和 S を求めよ。

(1) 2，5，8，……，50　　(2) 93，86，79，……，-40

▶▶ ⑳ p.15 練習13

8 次の和を求めよ。

(1) $1+2+3+\cdots\cdots+50$

(2) $1+3+5+\cdots\cdots+37$

(3) $4+5+6+\cdots\cdots+60$

(4) $2+4+6+\cdots\cdots+80$

(5) $3+9+15+\cdots\cdots+117$

▶教 p.15 練習14, 練習15

④ 等比数列

9 次のような等比数列 $\{a_n\}$ の一般項を求めよ。また，第 5 項を求めよ。

(1) 初項 5，公比 3

(2) 初項 4，公比 -2

(3) 初項 -7，公比 2

(4) 初項 8，公比 $-\dfrac{1}{3}$

▶教 p.17 練習18

10 次の等比数列 $\{a_n\}$ の一般項を求めよ。

(1) $5, \ 10, \ 20, \ 40, \ \cdots\cdots$

(2) $-2, \ 2, \ -2, \ 2, \ \cdots\cdots$

(3) $18, \ 6\sqrt{3}, \ 6, \ 2\sqrt{3}, \ \cdots\cdots$

(4) $-\dfrac{16}{27}, \ \dfrac{4}{9}, \ -\dfrac{1}{3}, \ \dfrac{1}{4}, \ \cdots\cdots$

▶教 p.17 練習19

11 次のような等比数列 $\{a_n\}$ の一般項を求めよ。

(1) 第 5 項が -48，第 7 項が -192

(2) 第 2 項が 12，第 4 項が 108

▶教 p.18 練習20

12 次の数列が等比数列であるとき，x の値を求めよ。

(1) $4, \ x, \ 9, \ \cdots\cdots$

(2) $-10, \ x, \ -5, \ \cdots\cdots$

▶教 p.18 練習21

⑤ 等比数列の和

13 初項から第 3 項までの和が 21，第 3 項から第 5 項までの和が 84 である
等比数列の初項 a と公比 r を求めよ。　　　▶教 p.20 練習23

⑥ 和の記号 $\sum$

14 次の和を求めよ。

(1) $\displaystyle\sum_{k=1}^{19} k$

(2) $\displaystyle\sum_{k=1}^{25} k^2$

(3) $\displaystyle\sum_{k=1}^{n} 5$

▶教 p.25 練習27

15 次の和を求めよ。

(1) $\displaystyle\sum_{k=1}^{n}(2k+3)$ (2) $\displaystyle\sum_{k=1}^{n}(k^2+k)$ (3) $\displaystyle\sum_{k=1}^{n}(k^2-6k+5)$

(4) $\displaystyle\sum_{k=1}^{n}(k^3-4k)$ (5) $\displaystyle\sum_{k=1}^{n}(k+1)(k-2)$ (6) $\displaystyle\sum_{k=1}^{n-1}(k^2-5k)$

📖 p.26 練習28, p.27 練習29

16 次の和を求めよ。

(1) $3\cdot2+6\cdot3+9\cdot4+\cdots\cdots+3n(n+1)$

(2) $1\cdot1+2\cdot3+3\cdot5+\cdots\cdots+n(2n-1)$ 📖 p.27 練習30

17 次の和を求めよ。

(1) $\displaystyle\sum_{k=1}^{n}3\cdot4^{k-1}$ (2) $\displaystyle\sum_{k=1}^{n}5^k$ (3) $\displaystyle\sum_{k=1}^{n-1}\frac{1}{3^k}$

📖 p.27 練習31

---

7 **階差数列**

---

18 階差数列を利用して，次の数列 $\{a_n\}$ の一般項を求めよ。

(1) $1,\ 2,\ 7,\ 16,\ 29,\ \cdots\cdots$ (2) $2,\ 5,\ 14,\ 41,\ 122,\ \cdots\cdots$

📖 p.30 練習33

19 初項から第 n 項までの和 S_n が，$S_n=n^2+3n$ で表される数列 $\{a_n\}$ の一般項を求めよ。 📖 p.30 練習34

---

8 **いろいろな数列の和**

---

20 恒等式 $\dfrac{1}{(3k-1)(3k+2)}=\dfrac{1}{3}\left(\dfrac{1}{3k-1}-\dfrac{1}{3k+2}\right)$ を利用して，次の和 S を求めよ。

$$S=\frac{1}{2\cdot5}+\frac{1}{5\cdot8}+\frac{1}{8\cdot11}+\cdots\cdots+\frac{1}{(3n-1)(3n+2)}$$ 📖 p.31 練習35

21 次の和 S を求めよ。

$$S=1\cdot1+3\cdot2+5\cdot2^2+7\cdot2^3+\cdots\cdots+(2n-1)\cdot2^{n-1}$$ 📖 p.32 練習36

22 正の偶数の列を，次のような群に分ける。ただし，第 n 群には $(2n-1)$ 個の数が入るものとする。

$$2 \mid 4,\ 6,\ 8 \mid 10,\ 12,\ 14,\ 16,\ 18 \mid 20,\ \cdots\cdots$$
第1群　　第2群　　　　　　第3群

(1) $n \geqq 2$ のとき，第 n 群の最初の数を n の式で表せ。

(2) 第 10 群に入るすべての数の和 S を求めよ。　　▶教 p.33 練習37

⑨ 漸化式

23 次の条件によって定められる数列 $\{a_n\}$ の一般項を求めよ。

(1) $a_1=0,\ a_{n+1}=a_n+5$　　(2) $a_1=2,\ a_{n+1}=-3a_n$　　▶教 p.36 練習39

24 次の条件によって定められる数列 $\{a_n\}$ の一般項を求めよ。

(1) $a_1=2,\ a_{n+1}=a_n+5^n$　　　　(2) $a_1=2,\ a_{n+1}=a_n+4n+3$

▶教 p.36 練習40

25 次の条件によって定められる数列 $\{a_n\}$ の一般項を求めよ。

(1) $a_1=2,\ a_{n+1}=3a_n-2$　　(2) $a_1=1,\ a_{n+1}=\dfrac{a_n}{3}+2$

(3) $a_1=1,\ a_{n+1}=-2a_n+1$　　(4) $a_1=1,\ 2a_{n+1}-a_n+2=0$

(5) $a_1=0,\ 2a_{n+1}-3a_n=1$　　(6) $a_1=5,\ a_{n+1}=3a_n-4$

▶教 p.38 練習42

26 次の条件によって定められる数列 $\{a_n\}$ の一般項を求めよ。

$a_1=0,\ a_2=3,\ a_{n+2}=5a_{n+1}-4a_n\ \ (n=1,\ 2,\ 3,\ \cdots\cdots)$

▶教 p.39 発展 練習1

⑩ 数学的帰納法

27 数学的帰納法を用いて，次の等式を証明せよ。

(1) $1+5+9+\cdots\cdots+(4n-3)=n(2n-1)$

(2) $1\cdot3+2\cdot5+3\cdot7+\cdots\cdots+n(2n+1)=\dfrac{1}{6}n(n+1)(4n+5)$　▶教 p.41 練習43

28 n を 5 以上の自然数とするとき，次の不等式を証明せよ。

$$2^n>6n$$

▶教 p.42 練習44

29 n は自然数とする。$2n^3+3n^2+n$ は 6 の倍数であることを，数学的帰納法を用いて証明せよ。　　▶教 p.43 練習45

1 次の数列 $\{a_n\}$ は，各項の逆数をとった数列が等差数列となる。このとき，x，y の値と数列 $\{a_n\}$ の一般項を求めよ。

(1)　1，$\dfrac{1}{3}$，$\dfrac{1}{5}$，x，y，……

(2)　1，x，$\dfrac{1}{2}$，y，……

2 -5 と 15 の間に n 個の数を追加した等差数列を作ると，その総和が 100 になった。このとき，n の値と公差を求めよ。

3 等差数列をなす 3 つの数がある。その和が 15 で，2 乗の和が 83 である。この 3 つの数を求めよ。

4 次のような等比数列 $\{a_n\}$ の一般項を求めよ。ただし，公比は実数とする。

(1)　初項が -2，第 4 項が 128　　　(2)　第 2 項が 6，第 5 項が -48

(3)　第 3 項が 32，第 7 項が 2

5 1 日目に 10 円，2 日目に 30 円，3 日目に 90 円，…… というように，前の日の 3 倍の金額を毎日貯金箱に入れていくと，1 週間でいくら貯金することができるか。

6 (1)　300 から 500 までの自然数のうち，次のような数は何個あるか。また，それらの和 S を求めよ。

　　(ア)　5 の倍数　　　　　　　　(イ)　7 で割ると 2 余る数

(2)　次の数の正の約数の和を求めよ。

　　(ア)　2^9　　　　　　　　　　(イ)　$2^5 \cdot 3^3$

7 a_1，a_2，a_3，a_4，…… は等比数列であり，$a_1 + a_2 = 4$，$a_3 + a_4 = 36$ である。この等比数列の一般項 a_n を求めよ。

8 数列 8，a，b が等差数列をなし，数列 a，b，36 が等比数列をなすという。a，b の値を求めよ。

9 次の和を求めよ。

(1)　$\displaystyle\sum_{k=1}^{n} (2k-1)(2k+3)k$　　　　　(2)　$\displaystyle\sum_{m=1}^{n}\left(\sum_{k=1}^{m} k\right)$

10 次の和 S を求めよ。

(1)　$S = \dfrac{1}{2 \cdot 4} + \dfrac{1}{4 \cdot 6} + \dfrac{1}{6 \cdot 8} + \cdots\cdots + \dfrac{1}{2n(2n+2)}$

(2)　$S = 1 \cdot 1 + 2 \cdot 4 + 3 \cdot 4^2 + \cdots\cdots + n \cdot 4^{n-1}$

11 次の条件によって定められる数列 $\{a_n\}$ の一般項を求めよ。

(1) $a_1=1$, $a_{n+1}=a_n+2n-3$

(2) $a_1=6$, $a_{n+1}=4a_n-9$

12 条件 $a_1=2$, $na_{n+1}=(n+1)a_n+1$ によって定められる数列 $\{a_n\}$ の一般項を，$b_n=\dfrac{a_n}{n}$ のおき換えを利用することにより求めよ。

13 初項から第 n 項までの和 S_n が，次の式で表される数列 $\{a_n\}$ の一般項を求めよ。

(1) $S_n=n^3+2$

(2) $S_n=2^n-1$

14 数列 $\{a_n\}$ の初項から第 n 項までの和 S_n が，$S_n=2a_n+n$ であるとき，$\{a_n\}$ の一般項を求めよ。

15 数列 $\dfrac{1}{1}$, $\dfrac{1}{2}$, $\dfrac{2}{2}$, $\dfrac{1}{3}$, $\dfrac{2}{3}$, $\dfrac{3}{3}$, $\dfrac{1}{4}$, $\dfrac{2}{4}$, $\dfrac{3}{4}$, $\dfrac{4}{4}$, …… について，次の問いに答えよ。

(1) $\dfrac{5}{23}$ は第何項か。

(2) 第 150 項を求めよ。

(3) 初項から第 150 項までの和を求めよ。

16 表の出る確率が $\dfrac{1}{3}$ である硬貨を投げて，表が出たら点数を 1 点増やし，裏が出たら点数はそのままとするゲームについて考える。0 点から始めて，硬貨を n 回投げたときの点数が偶数である確率 p_n を求めよ。ただし，0 は偶数と考える。

17 次の条件によって定められる数列 $\{a_n\}$ がある。
$$a_1=-1, \quad a_{n+1}=a_n{}^2+2na_n-2 \quad (n=1, \ 2, \ 3, \ \cdots\cdots)$$

(1) a_2, a_3, a_4 を求めよ。

(2) 第 n 項 a_n を推測して，それを数学的帰納法を用いて証明せよ。

第2章　統計的な推測

1　確率変数と確率分布

30 白玉 7 個，黒玉 3 個の入った袋の中から，5 個の玉を同時に取り出すとき，出る黒玉の個数を X とする。X の確率分布を求めよ。

2　確率変数の期待値と分散

31 1 から 10 までの数字が 1 つずつ記入されたカードが合計 10 枚ある。このカードの中から 1 枚を引いたとき，そのカードの数字を X とする。X の期待値を求めよ。
▶️教 p.53 練習3

32 白玉 4 個と黒玉 6 個の入った袋から，3 個の玉を同時に取り出すとき，出る白玉の個数を X とする。X の期待値，標準偏差を求めよ。
▶️教 p.58 練習8

33 1 個のさいころを 1 回投げて出る目を X とするとき，次の確率変数の期待値，分散，標準偏差を求めよ。

(1)　$X+1$ 　　　　　(2)　$2X+3$ 　　　　　(3)　$-4X+2$
▶️教 p.59 練習9

3　確率変数の和と積

34 確率変数 X，Y の確率分布が次の表で与えられているとき，$X+Y$ の期待値を求めよ。

X	1	4	7	計
P	$\frac{1}{3}$	$\frac{1}{3}$	$\frac{1}{3}$	1

Y	2	4	6	計
P	$\frac{1}{4}$	$\frac{1}{4}$	$\frac{2}{4}$	1

▶️教 p.61 練習10

35 確率変数 X，Y，Z の期待値がそれぞれ 2，-1，1 であるとする。次の確率変数の期待値を求めよ。

(1)　$X+Y$ 　　　(2)　$X+Y+Z$ 　　　(3)　$2X+3Y$ 　　　(4)　$X-2Z$
▶️教 p.62 練習11

36 500 円硬貨 2 枚と 100 円硬貨 3 枚を同時に投げて，表の出た硬貨の金額の和を Z 円とする。Z の期待値を求めよ。
▶️教 p.62 練習12

37 2つの確率変数 X, Y が互いに独立で，それぞれの確率分布が次の表で与えられるとき，次の問いに答えよ。

X	2	4	6	計
P	$\frac{2}{5}$	$\frac{1}{5}$	$\frac{2}{5}$	1

Y	1	3	5	計
P	$\frac{2}{7}$	$\frac{3}{7}$	$\frac{2}{7}$	1

(1) $X+Y$ の期待値を求めよ。

(2) XY の期待値を求めよ。

(3) $X+Y$ の分散，標準偏差を求めよ。　　▶️教 p.64 練習13, p.65 練習14

38 正四面体，立方体，正八面体の3つの立体があり，正四面体には1から4の数字，立方体には1から6の数字，正八面体には1から8の数字が1つずつ各面に書かれている。これらの立体を同時に投げるとき，次の値を求めよ。

(1) それぞれの底面に書かれている数字の積の期待値

(2) それぞれの底面に書かれている数字の和の標準偏差　　▶️教 p.65 練習15

④ 二項分布

39 1個のさいころを20回投げて，3以上の目が出る回数を X とする。X の期待値と分散および標準偏差を求めよ。　　▶️教 p.68 練習18

⑤ 正規分布

40 確率変数 X が正規分布 $N(30,\ 4^2)$ に従うとき，次の確率を求めよ。

(1) $P(X\leqq30)$ 　　(2) $P(30\leqq X\leqq38)$ 　　(3) $P(38\leqq X\leqq42)$

(4) $P(20\leqq X\leqq35)$ 　　(5) $P(X\geqq35)$ 　　(6) $P(|X-30|\leqq4)$

▶️教 p.76 練習22

41 ある県における高校2年生の男子の身長の平均は 170.0 cm，標準偏差は 5.5 cm である。身長の分布を正規分布とみなすとき，この県の高校2年生の男子の中で，身長 180 cm 以上の人は約何％いるか。小数第2位を四捨五入して小数第1位まで求めよ。　　▶️教 p.77 練習23

42 1枚の硬貨を 400 回投げて，表の出る回数を X とするとき，$200\leqq X\leqq220$ となる確率を，標準正規分布 $N(0,\ 1)$ で近似する方法で求めよ。

▶️教 p.78 練習24

6 母集団と標本

43 数字 1 の札が 1 枚，数字 2 の札が 2 枚，数字 3 の札が 3 枚，数字 4 の札が 4 枚ある。この 10 枚を母集団とし，札の数字を変量と考える。この母集団から 1 枚の札を無作為に抽出し，その札の数字を X とするとき，母集団分布を求めよ。また，母平均 m，母標準偏差 σ を求めよ。

p.84 練習26

7 標本平均の分布

44 ある県の 17 歳男子について，その身長の分布は平均 171.3 cm，標準偏差 5.4 cm の正規分布とみなされるとする。この十分大きい母集団から，大きさ100 の標本を抽出するとき，その標本平均 $\overline{X}$ の期待値と標準偏差を求めよ。

●p.86 練習27

45 1 個のさいころを n 回投げるとき，1 の目が出る相対度数を R とする。次の各場合について，確率 $P\left(\left|R-\dfrac{1}{6}\right|\leqq\dfrac{1}{60}\right)$ の値を求めよ。

(1) $n=500$ (2) $n=2000$ (3) $n=4500$ ●p.89 練習29

8 推定

46 ある県の 18 歳男子 100 人を無作為抽出して，身長を測定したところ，平均値は 169.2 cm，標準偏差は 9.0 cm であった。この県の 18 歳男子の平均身長 m cm に対して，信頼度 95％の信頼区間を求めよ。●p.92 練習30

47 ある地域で有権者 2500 人を無作為抽出して，A 政党の支持者を調べたところ，支持者は 900 人であった。この地域の A 政党の支持率 p に対して，信頼度 95％の信頼区間を求めよ。●p.93 練習31

9 仮説検定

48 ある硬貨を 800 回投げたところ，裏が 430 回出た。この硬貨は，表と裏の出やすさにかたよりがあると判断してよいか，有意水準 5％で検定せよ。

●p.97 練習32

49 ある種子の発芽率は，従来 60％であったが，それを発芽しやすいように品種改良した新しい種子から無作為に 150 個抽出して種をまいたところ，101 個が発芽した。品種改良によって発芽率が上がったと判断してよいか，有意水準 1％で検定せよ。●p.98 練習33

● 第 2 章｜統計的な推測

1 数直線上の原点 O に点 P がある。コインを投げて表が出たら正の向きに 1，裏が出たら負の向きに 1 だけ動くものとする。コインを 3 回投げ終わったとき，点 P の座標を X とする。X の確率分布を求めよ。

2 1 から 11 までの自然数から任意に 1 個の数 X を選ぶ。
(1) X の期待値を求めよ。　　(2) X の分散と標準偏差を求めよ。

3 a，b は定数で，$a>0$ とする。確率変数 X の期待値が m，標準偏差が σ であるとき，1 次式 $Y=aX+b$ によって，期待値 0，標準偏差 1 である確率変数 Y をつくりたい。a，b の値を求めよ。

4 50 円硬貨 2 枚，100 円硬貨 3 枚を同時に投げて，表の出る 50 円硬貨の枚数を X，表の出る 100 円硬貨の枚数を Y とする。このとき，表の出る枚数の和 $X+Y$ の期待値を求めよ。

5 A の袋には赤玉 3 個と白玉 2 個，B の袋には赤玉 1 個と白玉 4 個が入っている。A，B の袋から 2 個ずつ同時に取り出し，赤玉 1 個につき 100 円，白玉 1 個につき 50 円を，それぞれ受け取ることにする。合計金額の期待値と標準偏差を求めよ。

6 1 個のさいころを 8 回投げるとき，4 以上の目が出る回数を X とする。
(1) 4 以上の目が 3 回以上出る確率を求めよ。
(2) 確率変数 X の期待値と標準偏差を求めよ。

7 確率変数 Z が標準正規分布 $N(0,\ 1)$ に従うとき，次の確率を求めよ。
(1) $P(Z\geqq1)$ 　　(2) $P(Z\leqq0.5)$ 　　(3) $P(-1\leqq Z\leqq2)$

8 確率変数 X の確率密度関数 $f(x)$ が $f(x)=\dfrac{2}{3}x\ (0\leqq x\leqq\sqrt{3}\,)$ で表されるとき，X の期待値，分散，標準偏差を求めよ。

9 1, 2, 3 の数字を記入したカードが，それぞれ 2 枚，2 枚，1 枚ある。この 5 枚のカードを母集団として，カードの数字を X とする。
(1) 母集団分布を求めよ。　　(2) 母平均，母標準偏差を求めよ。

10 1, 1, 2, 2, 2, 3, 3, 3, 3, 4 の数字を記入した 10 枚のカードが袋の中にある。10 枚のカードを母集団，カードに書かれている数字を変量とする。
(1) 母集団分布を求めよ。　　(2) 母平均，母標準偏差を求めよ。
(3) この母集団から無作為に 1 枚ずつ 4 枚の標本を復元抽出する。標本平均 $\overline{X}$ の期待値と標準偏差を求めよ。

11 全国の有権者の内閣支持率が 50 % であるとき，無作為抽出した 2500 人の有権者の内閣支持率を R とする。R が 48 % 以上 52 % 以下である確率を求めよ。

12 ある県の高校生に 100 点満点の英語の試験を実施したところ，平均点 58 点，標準偏差 12 点であった。この母集団から無作為に 100 人の標本を抽出したとき，その標本平均 $\overline{X}$ が 55 点以上 61 点以下である確率を求めよ。

13 ある試験を受けた高校生の中から，100 人を無作為抽出したところ，平均点は 58.3 点であった。母標準偏差を 13.0 点として，この試験の平均点 x に対して，信頼度 95 % の信頼区間を求めよ。ただし，小数第 2 位を四捨五入して小数第 1 位まで答えよ。

14 数千枚の答案の採点をした。信頼度 95 %，誤差 2 点以内でその平均点を推定したいとすると，少なくとも何枚以上の答案を抜き出して調べればよいか。ただし，従来の経験で点数の標準偏差は 15 点としてよいことはわかっているものとする。

15 ある 1 個のさいころを 45 回投げたところ，6 の目が 11 回出た。このさいころは 6 の目が出やすいと判断してよいか。有意水準 5 % で検定せよ。

16 ある集団の出生児を調べたところ，女子が 1540 人，男子が 1596 人であった。この集団における女子と男子の出生率は等しくないと判断してよいか。有意水準 5 % で検定せよ。

第3章　数学と社会生活

1 数学を活用した問題解決

※問題 50 〜 52 は，教科書 108 ページの 3 種類の電球について考察せよ。

50 1 個の電球を 1 日 12 時間点灯で 40 日だけ使用する場合，3 種類の電球それぞれについて，かかる費用を求めよ。また，その結果をもとに，費用をおさえるにはどの電球を購入すればよいか答えよ。　　▶教 p.108 練習 6

51 電球型蛍光灯，LED 電球それぞれについて，使用時間が 10000 時間以下の場合に，使用時間と費用の関係のグラフを，教科書 109 ページのグラフと同じようにかけ。　　▶教 p.109 練習 7

52 3 種類の電球について，いずれも 1 日に 12 時間点灯させるものとする。
(1) 電球を 500 日使用する場合，どの電球を購入すればよいか答えよ。
(2) 電球の使用日数によって，どの電球を購入するのがよいかを考察せよ。　　▶教 p.109 練習 8

53 教科書 111 ページのシェアサイクルに関する問題において，ポート A，B からの貸出，返却の割合は右の表の通りとする。ま

	A に返却	B に返却
A から貸出	0.3	0.7
B から貸出	0.6	0.4

た，1 日目開始前のポート A，B にある自転車の台数をそれぞれ a，b とする。さらに，ポート A，B の n 日後の自転車の台数をそれぞれ a_n，b_n とする。ただし，a_n，b_n は整数でない値をとってよいものとする。
(1) a_1，b_1 を，a，b を用いてそれぞれ表せ。
(2) a_{n+1}，b_{n+1} は，a_n，b_n を用いて次のように表すことができる。空らんに当てはまる数値を答えよ。

$$a_{n+1}=\boxed{}a_n+\boxed{}b_n, \quad b_{n+1}=\boxed{}a_n+\boxed{}b_n$$

(3) $a=80$，$b=20$ として，a_3，b_3 を求めよ。　　▶教 p.113 練習11

2 社会の中にある数学

54 ある都市には第1から第4
までの4つの選挙区があり，
議席総数は12である。

選挙区	第1	第2	第3	第4	合計
人口（人）	40000	25000	22000	13000	100000

また，それぞれの選挙区の人口は上の表の通りである。各選挙区の議席
数が，その選挙区の人口にできるだけ比例しているようにするためには，
12の議席を各選挙区にどのように割り振ればよいだろうか。最大剰余方
式を用いて求めよ。また，議席総数を13としたとき，各選挙区に最大剰
余方式で議席を割り振れ。さらに，議席総数が12のときの結果と比べて，
気づいたことを答えよ。

55 問題54について，議席総数を13としたとき，各選挙区に教科書116ペ
ージのアダムズ方式で議席を割り振れ。

▶教 p.117 練習13

56 ある合唱コンクールでは，10人の審査員A〜Jによる，1点刻みの
0〜10点での採点が行われる。次の表は，3つの合唱団X，Y，Zの採
点結果である。20%トリム平均が最も高い合唱団が優勝する場合，どの
合唱団が優勝するか答えよ。

	A	B	C	D	E	F	G	H	I	J
X	4	6	6	6	5	6	7	6	7	7
Y	4	6	4	3	3	5	9	4	8	6
Z	6	8	7	5	6	5	10	5	6	9

（単位は点）

▶教 p.121 練習17

3 変化をとらえる　〜移動平均〜

57 次の ① 〜 ④ の文章は移動平均について述べた文章である。これらの文章のうち，正しいものを1つ選べ。

① 時系列データの変動が激しくても，その時系列データの移動平均の変動は激しいとは限らない。

② 時系列データの移動平均の変動が激しければ，その時系列データの変動も激しい。

③ 時系列データの変化の傾向を調べる際は，移動平均をとったグラフだけを見て判断すればよい。

④ 一般に，移動平均をとる期間が短い方が，変動は激しくなる。

▶教 p.127 練習19

4 変化をとらえる　〜回帰分析〜

58 右の表は，同じ種類の5本の木の太さ x cm と高さ y cm を測定した結果である。

木の番号	1	2	3	4	計
x	27	32	34	24	38
y	15	17	20	16	22

(1) 2つの変量 x, y の回帰直線 $y=ax+b$ の a, b の値を求めよ。ただし，小数第3位を四捨五入し，小数第2位まで求めよ。

(2) 同じ種類のある木は太さが 30 cm であった。この木の高さはどのくらいであると予測できるか答えよ。

▶教 p.129 練習21

演習編の答と略解

原則として，問題の要求している答の数値・図などをあげ，[ ]には略解やヒントを付した。

1 (1) $a_n = 6n$　　(2) $a_n = (-1)^n \cdot 5n$
2 (1) $a_n = 7n - 2$，第 10 項 68
　(2) $a_n = -6n + 9$，第 10 項 -51
　(3) $a_n = -7n + 20$，第 10 項 -50
3 (1) $a_n = -3n + 53$　(2) $a_n = 3n - 23$
　(3) $a_n = 5n$　(4) $a_n = -6n + 106$
4 (1) 第 18 項　　(2) 第 50 項
5 (1) $x = 1$　　(2) $x = \dfrac{12}{5}$
6 $S_n = n(3n - 2)$
7 (1) 442　　(2) 530
8 (1) 1275　(2) 361　(3) 1824
　(4) 1640　(5) 1200
9 (1) $a_n = 5 \cdot 3^{n-1}$，第 5 項 405
　(2) $a_n = (-2)^{n+1}$，第 5 項 64
　(3) $a_n = -7 \cdot 2^{n-1}$，第 5 項 -112
　(4) $a_n = 8\left(-\dfrac{1}{3}\right)^{n-1}$，第 5 項 $\dfrac{8}{81}$
10 (1) $a_n = 5 \cdot 2^{n-1}$　　(2) $a_n = 2(-1)^n$
　(3) $a_n = 18\left(\dfrac{\sqrt{3}}{3}\right)^{n-1}$
　(4) $a_n = -\dfrac{16}{27}\left(-\dfrac{3}{4}\right)^{n-1}$
11 (1) $a_n = -3 \cdot 2^{n-1}$
　または　$a_n = -3(-2)^{n-1}$
　(2) $a_n = 4 \cdot 3^{n-1}$　または　$a_n = -4(-3)^{n-1}$
12 (1) $x = \pm 6$　(2) $x = \pm 5\sqrt{2}$
13 $a = 3$, $r = 2$　または　$a = 7$, $r = -2$
　$[a + ar + ar^2 = 21,\ ar^2 + ar^3 + ar^4 = 84]$
14 (1) 190　(2) 5525　(3) $5n$
15 (1) $n(n+4)$　　(2) $\dfrac{1}{3}n(n+1)(n+2)$
　(3) $\dfrac{1}{6}n(n-1)(2n-13)$
　(4) $\dfrac{1}{4}n(n+1)(n^2+n-8)$
　(5) $\dfrac{1}{3}n(n^2-7)$　(6) $\dfrac{1}{3}n(n-1)(n-8)$

16 (1) $n(n+1)(n+2)$
　(2) $\dfrac{1}{6}n(n+1)(4n-1)$
　$\left[(1) \displaystyle\sum_{k=1}^{n} 3k(k+1)\quad (2) \sum_{k=1}^{n} k(2k-1)\right]$
17 (1) $4^n - 1$　(2) $\dfrac{5}{4}(5^n - 1)$
　(3) $\dfrac{1}{2}\left\{1 - \left(\dfrac{1}{3}\right)^{n-1}\right\}$
18 (1) $a_n = 2n^2 - 5n + 4$　(2) $a_n = \dfrac{3^n + 1}{2}$
　[数列の階差数列の一般項は
　(1) $4n - 3$　(2) 3^n]
19 $a_n = 2n + 2$
20 $S = \dfrac{n}{2(3n+2)}$
21 $S = (2n-3) \cdot 2^n + 3$
22 (1) $2n^2 - 4n + 4$　(2) 3458
23 (1) $a_n = 5n - 5$　(2) $a_n = 2(-3)^{n-1}$
24 (1) $a_n = \dfrac{5^n + 3}{4}$　(2) $a_n = 2n^2 + n - 1$
25 (1) $a_n = 3^{n-1} + 1$
　(2) $a_n = -2\left(\dfrac{1}{3}\right)^{n-1} + 3$
　(3) $a_n = \dfrac{2}{3}(-2)^{n-1} + \dfrac{1}{3}$
　(4) $a_n = 3\left(\dfrac{1}{2}\right)^{n-1} - 2$　(5) $a_n = \left(\dfrac{3}{2}\right)^{n-1} - 1$
　(6) $a_n = 3^n + 2$
26 $a_n = 4^{n-1} - 1$
　$[a_{n+2} - a_{n+1} = 4(a_{n+1} - a_n)]$
27 [$n = k$ のときを仮定し，$n = k+1$ のときを考える。
　(1) $1 + 5 + 9 + \cdots + (4k-3) + \{4(k+1)-3\}$
　$= k(2k-1) + (4k+1) = (k+1)(2k+1)$
　(2) $1 \cdot 3 + 2 \cdot 5 + 3 \cdot 7 + \cdots + k(2k+1)$
　　　　　　　　$+ (k+1)\{2(k+1)+1\}$
　$= \dfrac{1}{6}k(k+1)(4k+5) + (k+1)(2k+3)$
　$= \dfrac{1}{6}(k+1)(k+2)(4k+9)$]

28 [数学的帰納法を用いて証明する。
$n=k$ のときを仮定し, $n=k+1$ のときの両辺
の差を考えると
$2^{k+1}-6(k+1)=2\cdot2^k-(6k+6)$
$>2\cdot6k-(6k+6)=6(k-1)>0$]

29 [$n=k$ のとき成り立つと仮定すると
$2k^3+3k^2+k=6m$ (m は整数) とおける。
このとき
$2(k+1)^3+3(k+1)^2+(k+1)$
$=6(m+k^2+2k+1)$]

30

X	0	1	2	3	計
P	$\frac{1}{12}$	$\frac{5}{12}$	$\frac{5}{12}$	$\frac{1}{12}$	1

31 $\dfrac{11}{2}$

32 期待値 $\dfrac{6}{5}$, 標準偏差 $\dfrac{\sqrt{14}}{5}$

33 期待値, 分散, 標準偏差の順に

(1) $\dfrac{9}{2}$, $\dfrac{35}{12}$, $\dfrac{\sqrt{105}}{6}$

(2) 10, $\dfrac{35}{3}$, $\dfrac{\sqrt{105}}{3}$

(3) -12, $\dfrac{140}{3}$, $\dfrac{2\sqrt{105}}{3}$

34 $\dfrac{17}{2}$

35 (1) 1 (2) 2 (3) 1 (4) 0

36 650

37 (1) 7 (2) 12

(3) 分散 $\dfrac{192}{35}$, 標準偏差 $\dfrac{8\sqrt{105}}{35}$

38 (1) $\dfrac{315}{8}$ (2) $\dfrac{\sqrt{339}}{6}$

39 期待値 $\dfrac{40}{3}$, 分散 $\dfrac{40}{9}$, 標準偏差 $\dfrac{2\sqrt{10}}{3}$

40 (1) 0.5 (2) 0.4772 (3) 0.02145
(4) 0.8882 (5) 0.1056 (6) 0.6826

41 約 3.4%

42 0.4772

43 (1)

X	1	2	3	4	計
P	$\frac{1}{10}$	$\frac{2}{10}$	$\frac{3}{10}$	$\frac{4}{10}$	1

(2) $m=3$, $\sigma=1$

44 期待値 171.3 cm, 標準偏差 0.54 cm

45 (1) 0.6826 (2) 0.9544 (3) 0.9973

46 [167.4, 171.0] ただし, 単位は cm

47 [0.341, 0.379]

48 この硬貨は, 表と裏の出やすさにかたよりが
あると判断してよい

49 品種改良により発芽率が上がったと判断でき
ない

50 LED 電球 1590.72 円
電球型蛍光灯 842.56 円
白熱電球 977.6 円
電球型蛍光灯を購入すればよい

51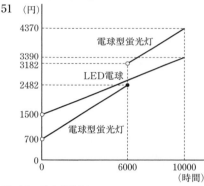

52 (1) 電球型蛍光灯
(2) 32 日以下だけ使用するなら白熱電球,
32 日以上 500 日以下だけ使用するなら電球
型蛍光灯, 500 日を超えて使用するなら LED
電球を購入すればよい

53 (1) $a_1=0.3a+0.6b$, $b_1=0.7a+0.4b$
(2) 順に 0.3, 0.6, 0.7, 0.4
(3) $a_3=45.24$, $b_3=54.76$

54 議席総数が 12 のとき, 各選挙区への議席の
割り振りは順に 5, 3, 3, 1
議席総数が 13 のとき, 各選挙区への議席の
割り振りは順に 5, 3, 3, 2
議席総数が変わると, 切り捨てた値の大きさ
が変わるため, 残りの議席を割り振る選挙区
も変わる

55 各選挙区への議席数の割り振りは順に
5, 3, 3, 2
[$d'=9000$ として, 各選挙区の人口を d' で割る]

56 合唱団 Z

57 ①

58 (1) $a=0.48$, $b=3.25$ (2) 17.65 m

定期考査対策問題の答と略解

第1章

1 (1) $x=\dfrac{1}{7}$, $y=\dfrac{1}{9}$; $a_n=\dfrac{1}{2n-1}$

(2) $x=\dfrac{2}{3}$, $y=\dfrac{2}{5}$; $a_n=\dfrac{2}{n+1}$

$\Big[$(2) 数列 1, $\dfrac{1}{x}$, 2, および数列 $\dfrac{1}{x}$, 2, $\dfrac{1}{y}$ が

等差数列になるから，$2\cdot\dfrac{1}{x}=1+2$,

$2\cdot2=\dfrac{1}{x}+\dfrac{1}{y}$ が成り立つ。これを解く$\Big]$

2 $n=18$, 公差 $\dfrac{20}{19}$

[この数列は，初項 -5，末項 15，項数 $n+2$ の
等差数列で，初項から第 $(n+2)$ 項までの和を
S とすると $S=5n+10$]

3 3, 5, 7

[等差数列をなす3つの数を $b-d$, b, $b+d$ と
すると，条件から $3b=15$, $3b^2+2d^2=83$]

4 (1) $a_n=-2(-4)^{n-1}$ (2) $a_n=-3(-2)^{n-1}$

(3) $a_n=128\left(\dfrac{1}{2}\right)^{n-1}$

または $a_n=128\left(-\dfrac{1}{2}\right)^{n-1}$

[初項を a, 公比を r とすると

(2) $ar=6$, $ar^4=-48$

(3) $ar^2=32$, $ar^6=2$]

5 10930 円

$\left[\dfrac{10(3^7-1)}{3-1}\right]$

6 (1) (ア) 41 個, 16400

(イ) 29 個, 11629

(2) (ア) 1023 (イ) 2520

[(1) (ア) 初項 300, 末項 500, 項数 41 の等差
数列

(イ) 初項 303, 末項 499, 項数 29 の等差数列

(2) (ア) $1+2+2^2+\cdots\cdots+2^9$

(イ) $(1+2+2^2+\cdots\cdots+2^5)(1+3+3^2+3^3)$]

7 $a_n=3^{n-1}$ または $a_n=-2(-3)^{n-1}$

[初項を a, 公比を r とすると
$a(1+r)=4$, $ar^2(1+r)=36$]

8 $a=1$, $b=-6$ または $a=16$, $b=24$

$[2a=b+8$, $b^2=36a]$

9 (1) $\dfrac{1}{6}n(n+1)(6n^2+14n-5)$

(2) $\dfrac{1}{6}n(n+1)(n+2)$

$\Big[$(2) $\displaystyle\sum_{m=1}^{n}\left(\sum_{k=1}^{m}k\right)=\sum_{m=1}^{n}\left\{\dfrac{1}{2}m(m+1)\right\}$

$=\dfrac{1}{2}\displaystyle\sum_{m=1}^{n}(m^2+m)\Big]$

10 (1) $S=\dfrac{n}{4(n+1)}$

(2) $S=\dfrac{(3n-1)\cdot4^n+1}{9}$

$\Big[$(1) $\dfrac{1}{2k(2k+2)}=\dfrac{1}{4}\left(\dfrac{1}{k}-\dfrac{1}{k+1}\right)$

(2) $S-4S=1+4+4^2+\cdots\cdots+4^{n-1}-n\cdot4^n]$

11 (1) $a_n=n^2-4n+4$ (2) $a_n=3(4^{n-1}+1)$

[(2) 漸化式を変形すると $a_{n+1}-3=4(a_n-3)$]

12 $a_n=3n-1$

[漸化式の両辺を $n(n+1)$ で割って，

$\dfrac{a_{n+1}}{n+1}=\dfrac{a_n}{n}+\dfrac{1}{n(n+1)}$ から

$b_n=b_1+\displaystyle\sum_{k=1}^{n-1}\dfrac{1}{k(k+1)}=\dfrac{3n-1}{n}$ となる。

また $b_1=2]$

13 (1) $a_1=3$, $n\geqq2$ のとき $a_n=3n^2-3n+1$

(2) $a_n=2^{n-1}$

[$n\geqq2$ のとき

(1) $a_n=S_n-S_{n-1}=3n^2-3n+1$

(2) $a_n=S_n-S_{n-1}=2^{n-1}]$

14 $a_n=-2^n+1$

$[a_{n+1}=S_{n+1}-S_n=2a_{n+1}-2a_n+1$ から
$a_{n+1}=2a_n-1$ となる。
よって $a_{n+1}-1=2(a_n-1)]$

15 (1) 第 258 項 (2) $\dfrac{14}{17}$ (3) $\dfrac{1397}{17}$

[第 1 群から第 n 群までの項の総数は

$\dfrac{1}{2}n(n+1)$

(1) $\dfrac{1}{2}\cdot22\cdot23+5$

(2) $\dfrac{1}{2}(n-1)n<150\leqq\dfrac{1}{2}n(n+1)$ から，

第 17 群の 14 番目の数

(3) 初項から第 n 群の最後の数までの和は

$\dfrac{1}{4}n(n+3)$ であるから

$\dfrac{1}{4}\cdot16\cdot19+\dfrac{1}{17}(1+2+\cdots\cdots+14)]$

16 $p_n=\dfrac{1}{2}\left\{1+\left(\dfrac{1}{3}\right)^n\right\}$

$\left[p_{n+1}=p_n\left(1-\dfrac{1}{3}\right)+(1-p_n)\cdot\dfrac{1}{3}=\dfrac{1}{3}p_n+\dfrac{1}{3}\right.$

これを変形して $\left.p_{n+1}-\dfrac{1}{2}=\dfrac{1}{3}\left(p_n-\dfrac{1}{2}\right)\right]$

17 (1) $a_2=-3$, $a_3=-5$, $a_4=-7$

(2) $a_n=-2n+1$

[(2) (1) から，$a_n=-2n+1$ ……(A) と推測
される。$n=k$ のとき (A) が成り立つと仮定す
ると

$a_{k+1}=(-2k+1)^2+2k(-2k+1)-2$
$=(4k^2-4k+1)-4k^2+2k-2$
$=-2k-1=-2(k+1)+1]$

第2章

1

X	-3	-1	1	3	計
P	$\dfrac{1}{8}$	$\dfrac{3}{8}$	$\dfrac{3}{8}$	$\dfrac{1}{8}$	1

2 (1) 6　　(2) 分散 10，標準偏差 $\sqrt{10}$

3 $a=\dfrac{1}{\sigma}$，$b=-\dfrac{m}{\sigma}$

4 $\dfrac{5}{2}$

$\left[X\right.$ の期待値は $0\cdot\dfrac{1}{4}+1\cdot\dfrac{2}{4}+2\cdot\dfrac{1}{4}=1$

Y の期待値は $0\cdot\dfrac{1}{8}+1\cdot\dfrac{3}{8}+2\cdot\dfrac{3}{8}+3\cdot\dfrac{1}{8}=\dfrac{3}{2}$

$X+Y$ の期待値は $\left.1+\dfrac{3}{2}\right]$

5 期待値 280 円，標準偏差 $10\sqrt{15}$ 円

$[X$, X^2 の期待値はそれぞれ 160，26500 で，X
の分散は $26500-160^2=900$

Y の分散は，同様にして $15000-120^2=600$

X, Y は互いに独立であるから，$X+Y$ の分散
は $900+600=1500]$

6 (1) $\dfrac{219}{256}$　　(2) 期待値 4，標準偏差 $\sqrt{2}$

$\left[(2)\ X$ は二項分布 $B\left(8,\ \dfrac{1}{2}\right)$ に従うから，期

待値は $8\cdot\dfrac{1}{2}$，標準偏差は $\left.\sqrt{8\cdot\dfrac{1}{2}\left(1-\dfrac{1}{2}\right)}\right]$

7 (1) 0.1587　　(2) 0.6915　　(3) 0.8185

$[(3)\ P(-1\leqq Z\leqq2)$
$=P(-1\leqq Z\leqq0)+P(0\leqq Z\leqq2)$
$=p(1)+p(2)=0.3413+0.4772]$

8 期待値 $\dfrac{2\sqrt{3}}{3}$，分散 $\dfrac{1}{6}$，標準偏差 $\dfrac{\sqrt{6}}{6}$

9 (1)

X	1	2	3	計
P	$\dfrac{2}{5}$	$\dfrac{2}{5}$	$\dfrac{1}{5}$	1

(2) 母平均 $\dfrac{9}{5}$，母標準偏差 $\dfrac{\sqrt{14}}{5}$

10 (1)

X	1	2	3	4	計
P	$\dfrac{2}{10}$	$\dfrac{3}{10}$	$\dfrac{4}{10}$	$\dfrac{1}{10}$	1

(2) 母平均 $\dfrac{12}{5}$，母標準偏差 $\dfrac{\sqrt{21}}{5}$

(3) 期待値 $\dfrac{12}{5}$，標準偏差 $\dfrac{\sqrt{21}}{10}$

[(2) 母平均 m，母標準偏差 σ に対して，標本
平均 $\overline{X}$ の期待値と標準偏差はそれぞれ m,

$\left.\dfrac{\sigma}{\sqrt{4}}\right]$

11 0.9544

$[P(-2\leqq Z\leqq2)=2p(2)]$

12 0.9876

$[P(-2.5\leqq Z\leqq2.5)=2p(2.5)]$

13 [55.8，60.8]　ただし，単位は点

14 217 枚以上

$[n$ 枚の答案を抜き出すとき，その平均点を $\overline{X}$
とすると，全答案の平均点 m に対して

$|\overline{X}-m|\leqq1.96\cdot\dfrac{15}{\sqrt{n}}$ となる。よって，

$1.96\cdot\dfrac{15}{\sqrt{n}}\leqq2$ を満たす n の最小値を求める$]$

15 6 の目が出やすいとは判断できない

[このさいころを 1 回投げて 6 の目が出る確率

を p とし，$p\geqq\dfrac{1}{6}$ であることを前提として

「$p=\dfrac{1}{6}$ である」という仮説を立てる$]$

16 女子と男子の出生率は等しくないとは判断で
きない

[女子の出生率を p とし，「$p=0.5$ である」とい
う仮説を立てる$]$

● 表紙デザイン
　　株式会社リーブルテック

初版
第1刷　2023年3月1日　発行
第2刷　2024年3月1日　発行

教科書ガイド

数研出版 版

新編　数学B

ISBN978-4-87740-247-1

制　作　株式会社チャート研究所

発行所　数研図書株式会社

〒604-0861　京都市中京区烏丸通竹屋町上る
　　　　　　大倉町205番地

〔電話〕　075(254)3001

240102